高等职业教育精品工程系列教材

工业现场网络通信技术应用及实践

傅仁轩　王庆华　主　编
曾洁琼　陈启明　副主编
陈龙飞　宋显文　徐　悦　段　傲　参　编

電子工業出版社
Publishing House of Electronics Industry
北京·BEIJING

内容简介

本书包括5个项目、16个任务、14个实训。项目1为工业现场网络通信技术认知，介绍了工业控制网络的结构、分类，现场总线的结构、特点、现状及常用的现场总线，以及现场总线通信的基本知识。项目2为PROFIBUS网络控制系统构建与运行，阐述了PROFIBUS的分类、传输技术、系统配置，并以西门子PLC为例说明了PROFIBUS控制系统的构建方法。项目3为Modbus网络控制系统构建与运行，阐述了Modbus的工作方式、报文格式、Modbus RTU功能码，并以西门子PLC与RS485仪表为例说明了Modbus控制系统的构建方法。项目4为CC-Link现场总线通信系统的构建，阐述了CC-Link的主要功能、结构特点、通信方式，并以三菱Q系列PLC与FX系列PLC为例说明了CC-Link控制系统的构建方法。项目5为工业以太网控制系统的构建与运行，阐述了工业以太网技术及其优势，并说明了PROFINET网络的远程I/O控制系统、PLC之间的控制系统、运动控制系统的构建方法。本书使用了大量二维码以视频等多媒体数字资源呈现内容，提供PPT课件和案例工程文件的免费下载，读者可以登录华信教育资源网（www.hxedu.com.cn）查找本书并下载。

本书可作为高职院校和应用型本科院校自动化类专业的授课教材及社会培训机构的培训用书，也可作为相关领域工程师的参考书。

图书在版编目（CIP）数据

工业现场网络通信技术应用及实践 / 傅仁轩，王庆华主编. —北京：电子工业出版社，2024.1

ISBN 978-7-121-46849-0

Ⅰ. ①工… Ⅱ. ①傅… ②王… Ⅲ. ①以太网－通信协议－教材 Ⅳ. ①TN915.04

中国国家版本馆CIP数据核字（2023）第239533号

责任编辑：郭乃明　　　　特约编辑：田学清
印　　刷：三河市龙林印务有限公司
装　　订：三河市龙林印务有限公司
出版发行：电子工业出版社
　　　　　北京市海淀区万寿路173信箱　　邮编：100036
开　　本：787×1092　1/16　印张：13　字数：253千字
版　　次：2024年1月第1版
印　　次：2024年1月第1次印刷
定　　价：45.00元

凡所购买电子工业出版社图书有缺损问题，请向购买书店调换。若书店售缺，请与本社发行部联系，联系及邮购电话：（010）88254888，88258888。

质量投诉请发邮件至zlts@phei.com.cn，盗版侵权举报请发邮件至dbqq@phei.com.cn。

本书咨询联系方式：guonm@phei.com.cn，QQ34825072。

前　言

近年来，工业现场网络一直是工业自动化领域的研究热点，以现场总线技术和工业以太网技术为代表的工业现场网络技术引发了工业自动化领域的重大变革，工业自动化正朝着网络化、开放化、智能化和集成化的方向发展。工业控制网络是控制技术、通信技术和计算机技术在工业现场控制层、过程监控层和生产管理层的综合体现，已广泛应用于过程控制自动化、制造自动化、楼宇自动化、交通运输等多个领域，应用工业控制网络的工业自动化系统将越来越多，各企业在设计研发、施工调试、设备维护等环节对工业控制网络技术人才的需求不断增加。这就要求高职高专院校要大力培养工业现场网络技术的复合型技术技能人才，以满足企业对生产现场的控制需要。

本书针对该课程涉及的知识点多、内容广等特点，以及高职高专学生的知识现状，结合企业的实际需求、工业现场网络技术的发展趋势编写而成。本书的编者在多年主讲“工业网络控制技术”课程的基础上，总结经验并经过大量专业调研，与企业合作推出了这本符合项目化应用和实际教学需求的教材。本书以现场总线技术为出发点，以实现工业网络控制系统为目标，以实际的工业网络控制系统案例为主线，并辅以了理论指导，可以使学生在案例的实现过程中学习工业网络技术知识、归纳出共性的知识、建立工业网络知识体系，然后将这些知识重新应用到新的实践当中去，培养学生解决实际问题的能力。

本书的主要内容包括工业现场网络通信技术认知、PROFIBUS 网络控制系统构建与运行、Modbus 网络控制系统构建与运行、CC-Link 现场总线通信系统的构建、工业以太网控制系统的构建与运行。本书的内容注重对学生能力的培养，突出实际、实用和实践原则，在保证体系完整的基础上适当降低了理论深度，从应用角度结合西门子工业自动化的最新产品，安排了大量案例介绍内容。重点介绍工业现场网络通信技术的基本概念以及现场总线、工业以太网、工业控制网络的典型应用，并注重培养学生的技术应用能力以及分析和解决问题的能力。全书内容选择合理，结构清楚、图文并茂、面向应用、易于理解。为此，编者力求保证书中所列举的产品及系统应用方案能反映工业控制网络技术的发展趋势，并且尽量介绍代表当前最新应用水平的实例。

本书在内容组织上力求全面贯彻落实党的二十大精神，加快推进党的二十大精神进教材、进课堂、进头脑。在学习目标中专门设置了素质目标，以期提升学生思政水平及综合素质。本书可作为高职高专学生的教材，适用专业包括电气自动化技术、机电一体化技术、工业机器人技术等。当不同的专业选用本书作为教材时，可根据实际需要对书中内容进行适当的取舍或调整。

本书由广东工贸职业技术学院的傅仁轩、王庆华担任主编，广东工贸职业技术学院的曾洁琼、陈启明担任副主编；中电科普天科技股份有限公司的陈龙飞，以及广东工贸职业技术学院的宋显文、徐悦、段傲参与了编写，傅仁轩完成了全书的统稿工作。

限于编者的学识水平，书中难免存在不足和疏漏，恳请有关专家、教师、工程师和广大读者批评指正。

编　者

2023 年 6 月于广州

目　　录

项目 1　工业现场网络通信技术认知

学习目标

1. 知识目标

- 了解现场总线的网络拓扑结构、控制方法。
- 了解数据交换技术、差错控制技术。
- 熟悉工业控制网络的结构。
- 熟悉数据通信的基本概念。
- 熟悉通信接口标准。
- 熟悉现场总线的传输技术、传输介质。

2. 能力目标

- 能应用通信传输技术。
- 能用通信接口标准连接设备。
- 掌握传输介质的使用方法。

3. 素质目标

- 具有独立学习、获取新知识的能力。
- 具有信息查询、收集与整理的能力。
- 具有集体意识、团队合作意识及社会责任心。
- 遵守劳动纪律，具有环境意识、安全意识。

项目引入

工业控制网络是工业互联网的基础组成，为工业互联网的发展提供了重要的网络连接底座。在工业环境中构建网络，将信号检测、数据传输、处理、存储、计算、控制等设备或系统连接在一起，实现工业现场设备与设备之间，以及工业现场设备与工业业务软件系统之间的通信，以实现企业内部的资源共享、信息管理、过程控制、经营决策。

随着计算机信息网络技术的飞速发展，以PLC为核心的工业控制系统正向着大规模、网络化方向发展，与此相对应，工业控制网络产品也越来越丰富，可以构成各种档次的网络系统，以适用于各种层次的工业自动化网络的不同需求。

任务1.1　工业控制网络

1.1.1　什么是工业控制网络

工业控制网络是指安装在工业生产环境中的一种全数字化、双向、多站的通信系统，是应用于工业领域的计算机网络。工业控制网络是由分散在不同空间位置的智能化仪器仪表、控制器、传感器、执行机构等现场设备组成的通信网络，解决现场设备之间的数字通信，以及现场设备和上一级控制系统之间的通信等问题，实现工业现场自动化控制任务。

工业控制网络

工业控制网络包含计算机网络、局域网、工业以太网、现场总线及其应用等。工业控制网络技术培养的是掌握计算机与工业网络技术的基础知识和技能，能在生产企业从事工业控制系统设计、应用开发、安装调试以及运维的高级应用型专业人才。

1.1.2　工业控制网络的特点

1. 系统响应的实时性

底层网络响应快，才能满足工业控制系统在较短且可以预测确定的时间内，完成过程参数的采集、加工处理、控制运算、反馈执行等完整过程的要求，并且执行时序满足过程控制对时间限制的要求。

2. 开放性

开放性指协议的开放，也指相关标准的一致性、公开性，强调对标准的共识与遵从。

3. 极高的可靠性

工业控制网络应具有强大的抗干扰能力和抵御突发故障的能力，包括三个方面：可使用性好，网络自身不易发生故障；容错能力强；可维护性强。

4. 环境适应性

工业控制网络必须具有机械环境适应性、气候环境适应性、电磁环境适应性或电磁兼容（EMC）性，并满足耐腐蚀性、防尘、防水等要求。

5. 安全性

工业控制网络应具有生产安全性和信息安全性。生产安全性指控制设备具有本质的安全性能；信息安全性是指要保证信息的保密性、真实性、完整性，严防不良信息入侵，确保系统的安全和稳定。

1.1.3　工业控制网络的结构

现代工业控制网络系统不再是一个孤立的系统，而是与企业的管理信息系统、生产管理系统、监测控制系统及各种信息化系统等有机结合形成的一种综合的企业管理系统。工业控制网络是网络技术在工业控制领域中的具体应用，是工业企业网络中的一个重要组成部分，是计算机技术、信息技术和控制技术在企业管理和控制方面的有机统一。工业控制网络结构可以按网络连接结构和网络功能结构进行分类。

1.1.3.1　工业控制网络的网络连接结构

工业控制网络按网络连接结构（即网络系统）划分为外部互联网、企业内部网、底层控制网，如图 1-1 所示。

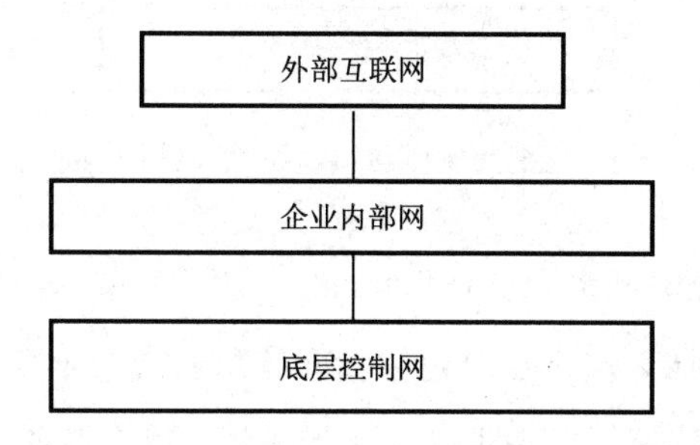

图 1-1　工业控制网络按网络连接结构的划分

外部互联网（Internet），即因特网，使用 TCP/IP 协议让不同的设备可以彼此通信，是网络与网络之间串联成的庞大网络，这些网络以一组通用的协议相连，形成逻辑上的单一巨大国际网络。这种将计算机网络互相连接在一起的方法称作“网络互联”，在这基础上发展出覆盖全世界的全球性互联网络，称为互联网，即“互相连接在一起的网络”。

企业内部网（Intranet），采用了互联网的技术，但它不同于国际互联网，它是一种企业的“内部网”，近几年得到了广泛的应用。企业内部网可以搭载于互联网上，但是它只用于企业内部相互传递信息，所以，它属于独立性质的网络，并可以向社会开放。企业内部网与互联网的性能基本相同，企业员工可以通过企业内部网浏览本公司的信息资料、发送电子邮件、编辑文件等，通过企业内部网能将企业设在世界各地的分支机构互相连接起来，实现同步运作。由于传输在互联网上进行，所以对企业内部网的投资比其他网络要少，连通后，企业可以省去很多计算机培训费。

底层控制网（Infranet）通过一种或几种总线方式，实现与现场各种设备的通信，并通过总线实现对现场设备进行必要控制的计算机网络系统，被称为底层控制通信网络系统，简称底层控制网。底层控制网分为传统的通信总线、现场总线、基于 TCP/IP 的控制方式等。

1.1.3.2 工业控制网络的网络功能结构

工业控制网络按网络功能结构划分为企业资源计划层、制造执行系统层、现场总线控制系统层，如图 1-2 所示。

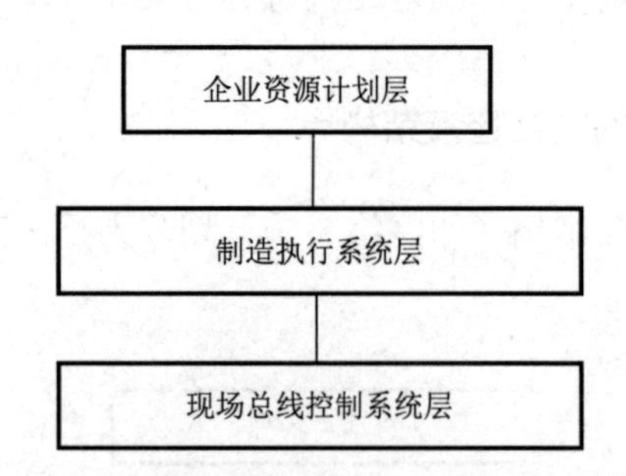

图 1-2 工业控制网络按网络功能结构的划分

企业资源计划（Enterprise Resource Planning，ERP）层，属于广域网的层次，采用以太网技术实现。企业资源计划层是目前企业管理信息系统中十分流行的一种形式，它将企业的物流、资金流和信息流统一起来进行处理和分析，对企业所拥有的人力、资金、材料、设备、方法（生产技术）、信息和时间等各项资源进行综合平衡和充分考虑，最大限度地利用企业的现有资源来取得更大的经济效益，能科学、有效地管理企业的人、财、物、产、供、销等各项具体工作。

制造执行系统（Manufacturing Execution System，MES）层，属于局域网的层次，采用以太网或专用网技术实现。制造执行系统层在对企业的整个资源按其经营目标进行管理时，为企业提供实现执行目标的执行手段，通过实时数据库连接基本信息系统的理论数据和工厂的实际数据，并提供业务计划系统与制造控制系统之间的通信功能。制造执行系统层能通过信息的传递，对从订单下达开始到产品完成的整个过程进行优化的管理，能对工厂发生的实时事件，及时做出相应的反应和报告，并用当前准确的数据进行相应的指导和处理。

现场总线控制系统（Fieldbus Control System，FCS）层，采用开放的、符合国际标准的控制网络技术实现，在工业控制网络的功能结构层次中处于底层的位置，是构成整个工业控制网络的基础。现场总线技术是 20 世纪 80 年代兴起的一种先进的工业控制技术，它将现今网络通信与管理的观念引入工业控制领域，已经成为工业生产过程自动化领域中一个新的热点。从本质上说，它是一种数字通信协议，是连接智能现场设备和自动化系统的数字式、全分散、双向传输、多分支结构的通信网络。它是控制技术、仪表工业技术和计算机网络技术三者的结合，具有现场通信网络、现场设备互连、互操作性、分散的功能块、通信线供电和开放式互连网络等技术特点。

1.1.4　工业控制网络的分类

工业控制网络在提高生产速度、管理生产过程、合理高效加工以及保证安全生产等工业控制及先进制造领域中起到越来越关键的作用。工业控制网络从最初的计算机集成控制系统、集散控制系统，发展到了现场总线控制系统。近年来，以太网进入工业控制领域，出现了大量基于以太网的工业控制网络。同时，随着无线技术的发展，基于无线的工业控制网络的研究也已经开展。图 1-3 所示为工业控制网络的主要类型，其包括传统控制网络、现场总线、工业以太网以及工业无线网络。传统控制网络现在已经很少使用，目前广泛应用的是现场总线与工业以太网，而工业以太网关键技术的研究是目前工业控制网络研究的热点。

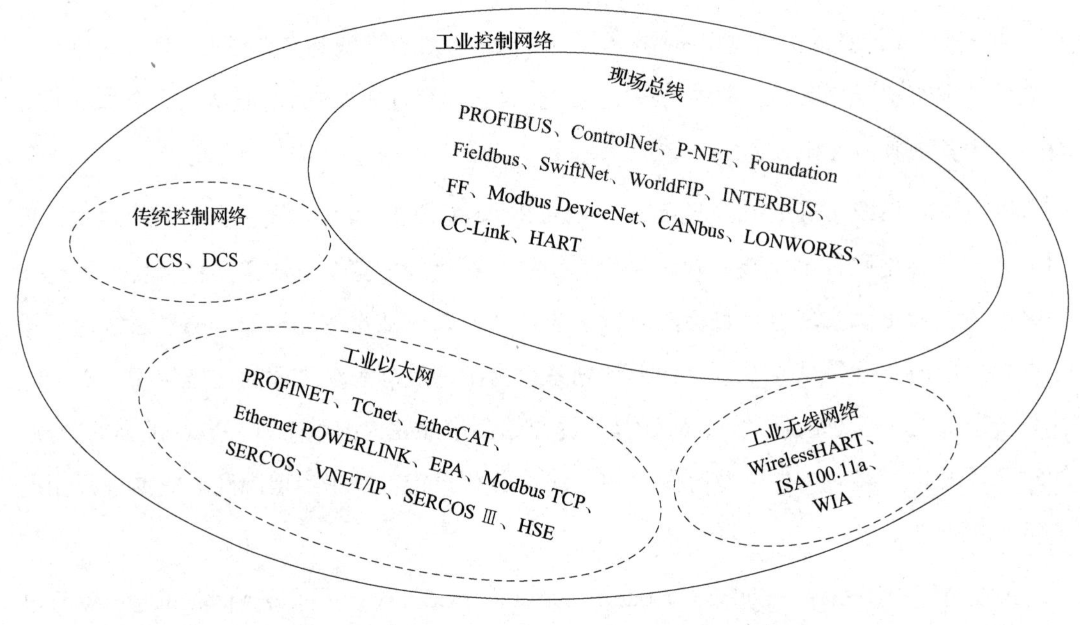

图 1-3　工业控制网络的主要类型

1.1.5　工业控制系统的发展

工业控制系统经过了第一代计算机控制系统（Computer Control System，CCS）、第二代分散控制系统（Distributed Control System，DCS）、现在的现场总线控制系统（FCS）、新一代的工业以太网控制系统。20 世纪 50 年代中后期计算机被应用到控制系统中；60 年代初，出现了由计算机完全替代模拟控制的控制系统，被称为直接数字控制系统（Direct Digital Control System，DDCS）；80 年代中后期，工业系统日益复杂，控制回路进一步增多，单一的 DDCS 已经不能满足现场的生产控制要求和生产管理工作要求，DCS 得到应用；90 年代，DCS 进一步发展，提高了系统的可靠性和可维护性，在今天的工业控制领域仍有广泛的应用。

CCS 是应用计算机参与控制并借助一些辅助部件与被控对象相联系，以获得一定控制目的而构成的系统。其中计算机通常指数字计算机，辅助部件主要指输入/输出接口、检测装置和执行装置等。与被控对象的联系和部件间的联系，可以是有线方式，如通过电缆的模拟信号或数字信号进行联系；也可以是无线方式，如用红外线、微波、无线电波、光波等进行联系。

DCS 在国内自动控制行业又称之为集散控制系统。所谓的分布式控制系统或集散控制系统，是相对于集中式控制系统而言的一种新型 CCS，它是在集中式控制系统的基础上发展、演变而来的。它是一个由过程控制级和过程监控级组成的以通信网络为纽带的多级计算机系统，综合了计算机（Computer）、通信（Communication）、显示（CRT）和控制（Control）技术即 4C 技术，具有分散控制、集中操作、分级管理、配置灵活、组态方便等优点。

FCS 综合了数字通信技术、计算机技术、自动控制技术、网络技术和智能仪表技术等多种技术，从根本上突破了传统点对点式的模拟数字通信系统的局限性，构成了一种全分散、全数字化、智能、双向、互联、多变量、多接点的通信与控制系统，是连接现场智能设备和自动化控制设备的现场底层设备控制网络，具有实时性、可靠性等特点。现场总线对网络通信协议做了简化，各大公司都建立了自己的现场总线协议标准，IEC 于 1999 年投票确定了 8 大国际现场总线标准，包括 CANbus、PROFIBUS、INTERBUS、Modbus 等。

现场总线种类繁多，且每种现场总线技术的开放性是有条件的、不彻底的。工业控制网络的发展趋势是标准开放、通信协议透明。随着智能制造“工业 4.0”战略方针的开展，通信技术、计算机技术、IT 的发展已经逐渐地渗入工业控制领域，工业以太网得到发展。

工业以太网是以太网技术向控制网络延伸的产物，是工业应用环境下信息网络与控制网络的结合，是继现场总线之后发展起来的最具有发展前景的一种工业通信网络，满足工业现场需要的可靠性、实时性、环境适应性等方面。工业以太网是工业环境中一种有效的子网，它既适用于管理级，又适用于单元级，传输率为 10M～1000Mbps（bps 表示 bit/s，全书余同）。在自动化领域，越来越多的企业需要建立包含从工厂设备层到控制层、管理层等各个层次的综合自动化网络管控平台，建立以工业控制网络技术为基础的企业信息化系统。

任务 1.2　现场总线技术认知

1.2.1　现场总线的认知

现场总线技术是指用于工业生产现场的新型工业控制技术，是一种在现场设备之间、现场设备与控制装置之间的双向、互联、串行和多节点的数字通信技术，是工业现场控制网络技术的代名词。现场总线是当今自动化领域技术发展的热点之一，被誉为自动化领域的计算机局域网。

现场总线技术

国际电工委员会（IEC）标准和基金会现场总线（Foundation Fieldbus，FF）对其的定义：现场总线是连接智能现场设备和自动化系统的数字式、双向传输、多分支结构的通信网络。也就是说，基于现场总线的系统以单个分散的、数字化、智能化的测量和控制设备作为网络的节点，用总线相连实现信息的相互交换，使得不同网络、不同现场设备之间可以信息共享，现场设备的各种运行参数状态信息以及故障信息等通过总线传送到远离现场的控制中心，而控制中心又可以将各种控制维护组态命令送往相关的设备，从而建立起了具有自动控制功能的网络。

简单来说，现场总线以数字通信替代了传统 4～20mA 模拟信号及普通开关量信号的传输，是连接智能现场设备和自动化系统的全数字、双向、多站的通信系统。其主要解决工业现场的智能化仪器仪表、控制器、执行机构等现场设备间的数字通信，以及这些现场控制设备和高级控制系统之间的信息传递问题。

1.2.2　现场总线的结构概述

1.2.2.1　OSI 参考模型

现场总线的结构是按照国际标准化组织制定的开放系统互联（Open System Interconnection，OSI）参考模型建立的。OSI 参考模型是计算机通信的开放式标准，是用来指导生产厂家和用户共同遵循的规范，任何人均可免费使用，而使用这个规范的系统也必须向其他使用这个规范的系统开放。OSI 参考模型并没有提供一种可以实现的方法，它是一种在制定标准时所使用的概念性框架，设计者可根据这一框架，设计出符合各自特点的网络。

现场总线的结构

OSI 参考模型如图 1-4 所示，该模型将计算机网络的通信过程分为 7 层，规定了每一层的功能以及对上一层所提供的服务。

7	应用层
6	表示层
5	会话层
4	传输层
3	网络层
2	数据链路层
1	物理层

图 1-4　OSI 参考模型

每层执行部分通信功能，其分层简况如表 1-1 所示。“层”这个概念包含了两个含义，即问题的层次及逻辑的叠套关系。这种关系有点像信件中采用多层信封把信息包装起来：发信时要由里往外包装；收信后要由外到里拆封，最后才能得到所传送的信息。每一层都有双方相应的规则，相当于每一层信封上都有相互理解的标志，否则信息传递不到预期的目的地。每一层依靠相邻的下一层完成较原始的功能，同时又为相邻的上一层提供服务；邻层之间的约定称为接口，各层约定的规则总和称为协议，只要相邻层的接口一致，就可以进行通信。第 1～3 层为介质层，负责网络中数据的物理传输；第 4～7 层为高层或主站层，用于保证数据传输的可靠性。

表 1-1　OSI 参考模型分层简况

序号	层名	英文名	接口要求	工作任务
第 1 层	物理层	Physical Layer	物理接口定义	比特流传输
第 2 层	数据链路层	Data Link Layer	介质访问方案	成帧、纠错
第 3 层	网络层	Network Layer	路由器选择	选线、寻址
第 4 层	传输层	Transport Layer	数据传输	收发数据
第 5 层	会话层	Session Layer	对话结构	同步
第 6 层	表示层	Presentation Layer	数据表达	编译
第 7 层	应用层	Application Layer	应用操作	协调、管理

在模型的 7 层中，物理层是通信的硬件设备，由它完成通信过程；从第 7 层到第 2 层的信息并没有被传送，只是为传送做准备，这种准备由软件进行处理，直到第 1 层才靠硬件真正进行信息的传送。下面简单介绍 OSI 参考模型 7 层的功能或工作任务。

1. 物理层

物理层是必需的，它是整个开放系统的基础，负责设备间接收和发送比特流，提供为建立、维护和释放物理连接所需要的机械、电气、功能与规程的特性。

2. 数据链路层

数据链路层也是必需的，它被建立在物理传输能力的基础上，以帧为单位传输数据。它负责把不可靠的传输信道改造成可靠的传输信道，采用差错检测和帧确认技术，传送带有校验信息的数据帧。

3. 网络层

网络层提供逻辑地址和路由选择。网络层的作用是确定数据包的传输路径，建立、维持和拆除网络连接。

4. 传输层

传输层属于 OSI 参考模型中的高层，解决的是数据在网络之间的传输质量问题，提供可靠的端到端的数据传输，保证数据按序可靠、正确地传输。这一层主要涉及网络传输协议，提供一套网络数据传输标准，如 TCP、UDP 协议。

5. 会话层

会话是指请求方与应答方交换的一组数据流。会话层用来实现两个计算机系统之间的连接，建立、维护和管理会话。

6. 表示层

表示层主要处理数据格式，负责管理数据编码方式，是 OSI 参考模型的翻译器，该层从应用层取得数据，然后把它转换为计算机的应用层能够读取的格式，如 ASCII、MPEG 等格式。

7. 应用层

应用层是 OSI 参考模型中最靠近用户的一层，提供应用程序之间的通信，其作用是实现应用程序之间的信息交换、协调应用进程和管理系统资源，如 QQ、MSN 等。

1.2.2.2 现场总线结构

现场总线是工业控制现场的底层网络。工业生产现场存在大量的传感器、控制器和执行器等设备，被零散地分布在一个较大的工作范围内。由这些设备组成的工业控制底层网络，某个节点面向控制的信息量并不大，信息传输的任务也相对比较简单，但系统对实时性、快速性的要求较高。对于这样的控制系统要构成开放式的互联系统，需要考虑以下几个重要问题。

（1）采用什么样的通信模型合适？是采用 ISO/OSI 的完全模型还是在此基础上做进一步的简化？

（2）采用什么样的协议合适？是否需要实现 OSI 的全部功能？

（3）所选择的通信模型能适应生产现场的环境要求和系统性能要求吗？

虽然 7 层结构的 OSI 参考模型支持的通信功能相当强大，但对于只需要完成简单通信任务的工业控制底层网络而言，完全模型显得过于复杂，不仅网络接口造价高，而且会由于层间操作与转换复杂导致通信时间响应过长。因此，现场总线系统为了满足生产现场的实时性和快速性要求，也为了实现工业网络的低成本，对 ISO/OSI 参考模型进行了简化和优化，除去了实时性不高的中间层，并增加了用户层，构成了现场总线通信系统模型，如图 1-5 所示。

8	用户层
7	应用层
6	未使用
5	
4	
3	
2	数据链路层
1	物理层

图 1-5　现场总线通信系统模型

总之，OSI 参考模型是现场总线技术的基础，现场总线参考模型既要遵循开放系统集成的原则，又要充分兼顾现场总线控制系统应用的特点和不同控制系统提出的相应要求。

1.2.2.3　现场总线控制系统的结构形式

在传统的控制系统中，现场设备与控制器之间的连接采用一对一的物理连接，传统控制系统的结构如图 1-6 所示。位于现场的测量设备与位于控制室的控制器之间，控制器与位于现场的执行器、开关、电动机之间均采用一对一的物理连接。当所控制的设备数量达到数十个甚至数百个时，整个系统的接线就显得十分复杂，施工和维护都十分不便。

现场总线控制系统打破了传统控制系统的结构形式，其结构如图 1-7 所示。它采用含有企业管理层、过程监控层、现场控制层的三层结构模式。现场总线控制系统由于采用了智能现场设备，能够把原先 DCS 中处于控制室的控制模块、各输入/输出模块置于现场设备中，使用一根电缆连接所有现场设备，采用数字信号代替模拟信号，因而可以实现在一对传输线上传输多个信号。而且现场设备具有通信功能，由现场的测量变送仪表与阀门等执行机构直接传输信号，因而现场总线控制系统能不依赖控制室的计算机或控制仪表，直接在现场完成，实现了彻底的分散控制。

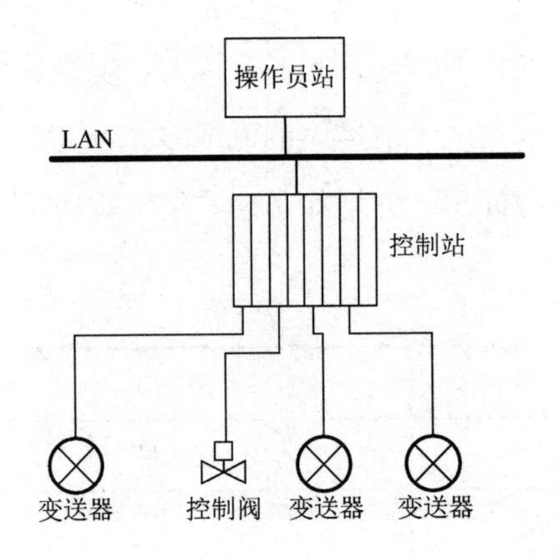

图 1-6　传统控制系统的结构

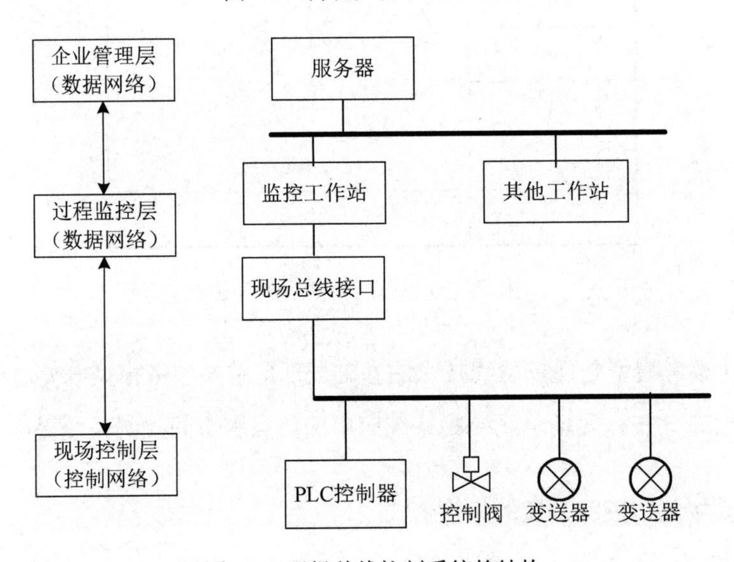

图 1-7　现场总线控制系统的结构

1.2.3　现场总线的特点

1. 系统的开放性

开放系统是指通信协议公开，各不同厂家的设备之间可进行互连并实现信息交换，现场总线开发者就是要致力于建立统一的工厂底层网络的开放系统。这里的开放是指对相关标准的一致性、公开性，强调对标准的共识与遵从。一个开放系统，它可以与任何遵守相同标准的其他设备或系统相连。一个具有总线功能的现场总线网络系统必须是开放的，开放系统把系统集成的权利交给了用户，用户可按自己的需要和对象把来自不同供应商的产品组成大小随意的系统。

2. 互可操作性与互用性

这里的互可操作性，是指实现互连设备间、系统间的信息传送与沟通，可实行点对点、一点对多点的数字通信。而互用性则意味着不同生产厂家性能类似的设备可进行互换而实现互用。

3. 智能化与功能自治性

现场总线将传感测量、补偿计算、工程量处理与控制等功能分散到现场设备中完成，仅靠现场设备即可完成自动控制的基本功能，并可随时诊断设备的运行状态。

4. 系统结构的高度分散性

现场设备本身已可完成自动控制的基本功能，使得现场总线已构成一种新的全分布式控制系统的体系结构。这从根本上改变了现有 DCS 集中与分散相结合的集散控制系统体系，简化了系统结构，提高了可靠性。

5. 对现场环境的适应性

工作在现场设备前端，作为工厂网络底层的现场总线，是专为在现场环境中工作而设计的，它可支持双绞线、同轴电缆、光缆、射频、红外线、电力线等，具有较强的抗干扰能力，能采用两线制实现送电与通信，并可满足本质安全防爆要求等。

1.2.4 现场总线的本质

不同的机构和不同的人可能对现场总线有着不同的定义，但在通常情况下，大家公认的现场总线的本质体现在以下六个方面。

1. 现场通信网络

现场通信网络用于过程自动化和制造自动化的现场设备或现场仪表的互连。

2. 现场设备互联

现场设备互联是指依据实际需要使用不同的传输介质把不同的现场设备或者现场仪表相互关联。

3. 互操作性

用户可以根据自身的需求选择不同厂家或不同型号的产品构成所需的控制回路进行统一组态和管理，现场设备互联是最基本的要求，但只有实现设备的互操作性，才能使用户能够根据需求自由集成现场总线控制系统。

4. 分散功能块

FCS 废弃了 DCS 的输入/输出单元和控制站，把 DCS 控制站的功能块分散地分配给现场仪表，从而构成虚拟控制站，彻底地实现了分散控制。

5. 通信线供电

通信线供电的方式允许现场仪表直接从通信线上摄取能量，这种方式提供用于本质安全环境的低功耗现场仪表，与其配套的还有安全栅，为 FCS 在易燃易爆环境中的应用奠定了基础。

6. 开放式互联网络

现场总线为开放式互联网络，既可以与同层网络互联，也可与不同层网络互联，只要符合现场总线协议，就可以把不同制造商的现场设备互连成系统，用户不需要在硬件或软件上花费太多精力，就可以实现网络数据库的共享。

现场总线体现了分布、开放、互联、高可靠性的特点，而这些正是 DCS 的缺点。DCS 通常是一对一单独传送信号的，其所采用的模拟信号精度低，易受干扰，位于操作室的操作员对模拟仪表往往难以调整参数和预测故障，使得模拟仪表处于“失控”状态；很多的仪表制造商自定标准，仪表的互换性差，功能也较单一，难以满足现代的要求，而且几乎所有的控制功能都位于控制站中。FCS 则是一对多双向传输信号的，采用的数字信号精度高、可靠性强，设备也始终处于操作员的远程监控和可控状态，用户可以自由按需选择不同品牌种类的设备互连，智能仪表具有通信、控制和运算等丰富的功能，而且控制功能分散到了各个智能仪表中。由此我们可以看到 FCS 相对于 DCS 的巨大进步。

也正是由于FCS的以上特点使得其从设计、安装、投运到正常生产都具有很大的优越性：首先由于分散在前端的智能设备能执行较为复杂的任务，不再需要单独的控制器、计算单元等，节省了硬件投资和使用面积；FCS的接线较为简单，而且一条传输线可以挂接多个设备，大大节约了安装费用；现场控制设备往往具有自诊断功能，并能将故障信息发送至控制室，减少了维护工作；同时，用户拥有高度的系统集成自主权，可以比较灵活地选择合适的厂家产品；整体系统的可靠性和准确性也大为提高。这一切都帮助用户降低了安装、使用、维护成本，最终达到增加利润的目的。

1.2.5　现场总线的现状

由于各个公司之间的利益之争，虽然早在 1984 年国际电工委员会/国际标准协会（IEC/ISA）就着手开始制定现场总线的标准，但至今统一的标准仍未完成。很多公司也推出了各自的现场总线技术，但彼此的开放性和互操作性还难以统一。目前现场总线市场有着以下特点。

1. 多种现场总线并存

目前世界上存在着四十余种现场总线，如法国的FIP、英国的ERA、德国西门子公司的 PROFIBUS、挪威的 FINT、Echelon 公司的 LONWORKS、Phoenix Contact 公司的INTERBUS、Rober Bosch 公司的 CANbus、Rosemount 公司的 HART、Carlo Gavazzi 公司的 Dupline、丹麦 ProcessData 公司的 P-NEt、PeterHans 公司的 F-Mux，以及 ASI（Actuator Sensor Interface）、Modbus、SDS、Arcnet、FF、WorldFIP、BitBus、美国的 DeviceNet 与ControlNet 等。这些现场总线大都用于过程自动化、医药、加工制造、交通运输、国防、航天、农业和楼宇等领域。

2. 每种现场总线都有其应用领域

每种现场总线都有其应用领域，比如 FF、PROFIBUS-PA 适用于石油、化工、医药、冶金等行业的过程控制领域；Lonworks、PROFIBUS-FMS、DeviceNet 适用于楼宇、交通运输、农业等领域；DeviceNet、PROFIBUS-DP 适用于加工制造业。而这些划分也不是绝对的，每种现场总线都力图将其应用领域扩大，彼此渗透。

3. 每种现场总线都有其国际组织和支持背景

大多数的现场总线都以一个或几个大型跨国公司为背景并成立了相应的国际组织，力图扩大自己的影响、得到更多的市场份额。比如PROFIBUS以西门子公司为主要支持，并成立了PROFIBUS国际用户组织；WorldFIP以ALSTOM公司为主要后台，成立了WorldFIP国际用户组织。

4. 多种现场总线成为国家标准或地区标准

为了加强自己的竞争能力，很多现场总线都争取成为国家或者地区的标准，比如PROFIBUS已成为德国标准，WorldFIP已成为法国标准等。

5. 设备制造商参与多个现场总线组织

为了扩大自己产品的使用范围，很多设备制造商往往参与不止一个现场总线组织。

6. 各种现场总线彼此协调共存

由于竞争激烈，还没有哪一种或几种现场总线能一统市场，很多重要企业都力图开发接口技术，使自己的现场总线能和其他现场总线相连，在国际标准中也出现了协调共存的局面。

工业自动化技术应用于各行各业，要求也千变万化，使用一种现场总线技术很难满足所有行业的技术要求；现场总线不同于计算机网络，人们将会面对一个多种总线技术标准共存的现实世界。技术发展很大程度上受到市场规律、商业利益的制约；技术标准不仅是一种技术规范，也是一种商业利益的妥协产物。而现场总线的关键技术之一是彼此的互操作性，实现现场总线技术的统一是所有用户的愿望。

1.2.6 常用的现场总线

下面就几种主流的现场总线做一些简单介绍。

1. FF

其前身是以美国Rosemount公司为首，联合Foxboro、横河、ABB、西门子等80家公司制定的ISP协议，以及以Honeywell公司为首，联合欧洲等地150家公司制定的WorldFIP

协议，并于 1994 年 9 月成立了现场总线基金会。该现场总线在过程自动化领域得到了广泛的应用，具有良好的发展前景。

FF 采用国际标准化组织（ISO）的开放系统互联（OSI）的简化模型（第 1 层、第 2 层、第 7 层），即物理层、数据链路层、应用层，另外增加了用户层。FF 分为低速 H1 和高速 H2 两种通信传输率，前者的传输率为 31.25kbps，通信距离可达 1900m，可支持总线供电和本质安全防爆环境。后者的传输率为 1Mbps 和 2.5Mbps，通信距离为 750m 和 500m，支持双绞线、光缆和无线发射，协议符合 IEC1158-2 标准。FF 的物理媒介的传输信号采用曼彻斯特编码。

2. PROFIBUS

PROFIBUS 是德国标准（DIN19245）和欧洲标准（EN50170）的现场总线标准，由 PROFIBUS-DP、PROFIBUS-FMS、PROFIBUS-PA 系列组成。DP 用于分散外设间高速数据传输，适用于加工自动化领域。FMS 适用于纺织、楼宇自动化、可编程控制器、低压开关等。PA 是过程自动化的总线类型，服从 IEC1158-2 标准。PROFIBUS 支持主-从系统、纯主站系统、多主多从混合系统等几种传输方式。PROFIBUS 的传输率为 9.6kbps～12Mbps，最大传输距离在 9.6kbps 下为 1200m，在 12Mbps 下为 200m，可采用中继器延长至 10km，传输介质为双绞线或者光缆，最多可挂接 127 个站点。

3. CAN

控制器局域网（Controller Area Network，CAN）最早由德国 Rober Bosch 公司推出，它广泛用于离散控制领域，其总线规范已被 ISO 制定为国际标准，得到了 Intel、Motorola、NEC 等公司的支持。CAN 分为三层：物理层、数据链路层和应用层。CAN 的信号传输采用短帧结构，传输时间短，具有自动关闭功能，具有较强的抗干扰能力。CAN 支持多种工作方式，并采用了非破坏性总线仲裁技术，通过设置优先级来避免冲突，传输距离最远可达 10km（传输率为 5kbps），传输率最高可达 1Mbps，网络节点数实际可达 110 个。目前已有多家公司开发了符合 CAN 协议的通信芯片。

4. LONWORKS

LONWORKS 是一种开放的、全分布式监控系统专用网络平台技术，它由美国 Echelon 公司推出，并由 Motorola 公司、Toshiba 公司共同倡导。它采用 ISO/OSI 参考模型的 7 层通信协议，采用面向对象的设计方法，通过网络变量把网络通信设计简化为参数设置，支持双绞线、同轴电缆、光缆和红外线等多种通信介质，通信传输率为 300bps～1.5Mbps，直接通信距离可达 2700m（78kbps），被誉为通用控制网络。LONWORKS 技术采用的 LonTalk 协议被封装在 Neuron（神经元）芯片中，并得以实现。采用 LONWORKS 技术和神经元芯片的产品，被广泛应用在楼宇自动化、家庭自动化、保安系统、办公设备、交通运输、工业过程控制等行业。

5. DeviceNet

DeviceNet 是由美国 Rockwell 公司在 CAN 基础上推出的一种低成本的通信连接，是一种低端网络系统，有着开放的网络标准。它将基本工业设备连接到网络中，从而避免了昂贵和烦琐的硬件接线。DeviceNet 是一种简单的网络解决方案，在提供多供应商同类部件间的可互换性的同时，减少了配线和安装工业自动化设备的成本和时间。它的直接互联性不仅改善了设备间的通信，而且提供了相当重要的设备级诊断功能。DeviceNet 的传输率为 125～500kbps，每个网络的最大节点为 64 个，其通信模式为生产者/客户（Producer/Consumer），采用多信道广播信息发送方式。位于 DeviceNet 上的设备可以自由连接或断开，不影响网上的其他设备，而且其设备的安装布线成本也较低。

6. HART

可寻址远程传感器高速通道（Highway Addressable Remote Transducer，HART）最早由 Rosemount 公司开发。其特点是在现有模拟信号传输线上实现数字信号通信，属于模拟系统向数字系统转变的过渡产品。其通信模型采用物理层、数据链路层和应用层 3 层，支持点对点主-从应答方式和多点广播方式。由于它混合了模拟信号、数字信号，所以难以开发通用的通信接口芯片。HART 能利用总线供电，可满足本质安全防爆的要求，并可用于由手持编程器与管理系统主站作为主设备的双主设备系统。

7. CC-Link

控制与通信链路（Control & Communication Link，CC-Link）由以三菱电机为主导的多家公司推出，其发展势头迅猛，在亚洲占有较大份额。在其系统中，可以将控制数据和信息数据同时以 10Mbps 的传输率传送至现场网络，具有性能卓越、使用简单、应用广泛、节省成本等优点。其不仅解决了工业现场配线复杂的问题，同时具有优异的抗噪性能和兼容性。CC-Link 是一种以设备层为主的网络，同时也可覆盖较高层次的控制层和较低层次的传感层。2005 年 7 月，CC-Link 被中国国家标准化管理委员会批准为中国国家标准指导性技术文件。

8. Modbus

Modbus 协议是应用于电子控制器上的一种通用语言，从功能上可以认为是一种现场总线。通过此协议，控制器之间、控制器经由网络和其他设备之间可以进行通信。

使用 Modbus，不同厂家的控制设备可以连接成工业网络，以便进行集中监控。Modbus 的数据采用主-从通信方式，主设备可以单独和从设备通信，也可以通过广播方式和所有设备通信。Modbus 作为一种通用的现场总线，已经得到广泛的应用，很多制造商的工控器、PLC、变频器、智能 IO 与 AD 模块等设备都具备 Modbus 通信接口。

9. WorldFIP

WorldFIP 现场总线是欧洲现场总线标准 EN 50178 的第三部分，最初由 Cegelec、ALSTOM 等几家法国公司在原有通信技术的基础上根据欧洲用户要求制定，原名为 FIP(Factory Instrumentation Protocol)，是法国标准，后来采纳了国际标准 IEC 61158-2 改名为 WorldFIP，是国际电工委员会于 2000 年发布的 IEC 61158 标准中 8 种现场总线类型中的第 7 种，其在能源、交通、运输、自动化等工业领域中得到了广泛的应用。WorldFIP 现场总线融合了通信技术、信息技术及控制技术等多种技术的优势，是一种面向工业控制的、先进的、开放的现场总线技术，其主要特点体现在数据的实用性、实时性、同步性和可靠性上。

10. INTERBUS

INTERBUS 是德国 Phoenix Contact 公司推出的较早的现场总线，2000 年 2 月成为国际标准 IEC 61158。INTERBUS 采用 ISO 的开放系统互联（OSI）的简化模型（第 1 层、第 2 层、第 7 层），即物理层、数据链路层、应用层，具有强大的可靠性、可诊断性和易维护性。其采用集总帧型的数据环通信，具有低速度、高效率的特点，并严格保证了数据传输的同步性和周期性；该总线的实时性、抗干扰性和可维护性也非常出色。INTERBUS 广泛地应用于汽车、烟草、仓储、造纸、包装、食品等工业，成为国际现场总线的领先者。

任务 1.3　现场总线的通信认知

1.3.1　数据通信的基本认知

数据通信是指依据通信协议、利用数据传输技术在两个功能单元之间传递数据信息，它可以实现计算机与计算机、计算机与终端、终端与终端之间的数据信息传递。

1.3.1.1　通信系统的组成

通信的目的是传送消息。实现消息传递所需的一切设备和传输介质的总和称为通信系统，它一般由信息源、发送设备、传输介质、接收设备及信息接收者等几部分组成，通信系统的组成如图 1-8 所示。

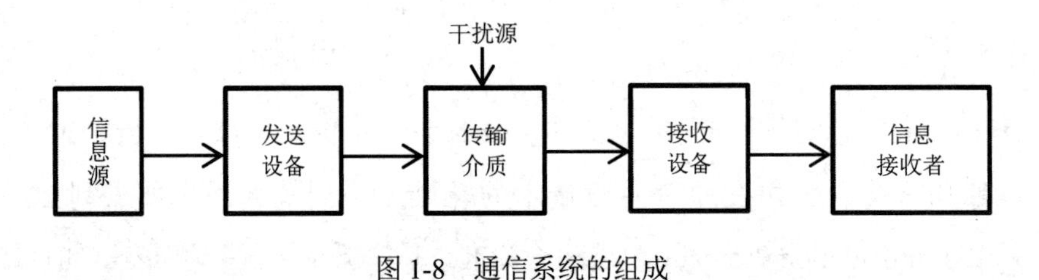

图 1-8　通信系统的组成

信息源是产生消息的源头，其作用是把各种消息转换成原始电信号。信息接收者是信息的使用者，其作用是将复原的原始电信号转换成相应的消息。

发送设备的基本功能是将信息源产生的消息信号变换成适合在传输介质中传输的信号，使信息源和传输介质匹配起来。发送设备的变换方式是多种多样的，对数字通信系统而言，发送设备常常包括编码器与调制器。

接收设备的基本功能是完成发送设备的反变换，即对信息进行解调、译码和解码等，它的任务是从带有干扰的接收信号中正确恢复出相应的原始电信号。

传输介质是指发送设备到接收设备之间信号传递所经的媒介，它可以是电磁波、红外线等无线传输介质，也可以是双绞线、电缆和光缆等有线传输介质。

干扰源是通信系统中各种设备以及信道中所固有的，且是人们所不希望的。干扰的来源是多样的，可分为内部干扰和外部干扰。外部干扰往往是从传输介质引入的。在进行系统分析时，为了方便，通常把各种干扰源的集中表现统一考虑加入到传输介质中。

1.3.1.2　数据与信息

数据分为模拟数据和数字数据两种。数据是信息的载体，它是信息的表示形式，可以是数字、字符和符号等。单独的数据并没有实际含义，但如果把数据按一定规则、形式组织起来，就可以传达某种意义，这种具有某种意义的数据集合就是信息，即信息是对数据的解释。

信息与数据是两个不同的概念，数据是记录下来而且可以鉴别的符号，信息是对数据的解释，是经过加工的数据，它对接收者有用，对决策或行为有现实的、潜在的价值。

1.3.1.3　数据传输率

数据传输率是衡量通信系统有效性的指标之一，其含义为单位时间内传送的数据量，常用比特率 S 和波特率 B 来表示。

比特率 S 是一种数字信号的传输率，表示单位时间（1s）内所传送的二进制代码的有效位（bit）数，用每秒比特数（bps）、每秒千比特数（kbps）或每秒兆比特数（Mbps）等单位来表示。

波特率 B 是一种调制速率，指数据信号对载波的调制速率，用单位时间内载波调制状态改变的次数来表示，单位为波特（Baud）。数据传输过程中线路上每秒钟传送的波形个数就是波特率。

1.3.1.4　误码率

误码率是衡量通信系统线路质量的一个重要参数。误码率越低，通信系统的可靠性就越高。它的定义：二进制符号在传输系统中被传错的概率，近似等于被传错的二进制符号数与所传二进制符号总数的比值。

在计算机网络通信系统中，误码率要求低于 10^{-6}，即平均每传输 1Mbps 才允许错 1bps 或更低。

1.3.1.5　总线主设备与总线从设备

总线是多个系统功能部件之间传输信号的公共路径，是遵循同一技术规范的连接与操作方式；使用统一的总线标准，不同设备之间的互连将更容易实现。

总线主设备（Bus Master）是指能够在总线上发起信息传输的设备，其具备在总线上主动发起通信的能力。

总线从设备（Bus Slaver）是挂接在总线上、不能在总线上主动发起通信，只能对总线信息进行接收、查询的设备。

总线上可以有多个设备，这些设备可以作为主站也可以作为从站；总线上也可以有多个主设备，这些主设备都具有主动发起信息传输的能力，但某一设备不能同时既作为主设备又作为从设备。被总线主设备连接上的从设备通常称为响应者，参与主设备发起的数据传送。

1.3.1.6 总线协议

总线协议（Bus Protocol）是管理主、从设备工作的一套规则，是事先规定的、共同遵守的规约。

1.3.1.7 出错检测及容错

当总线传送信息时，有时会因传导干扰、辐射干扰等出现错误信息，使得“1”变成“0”，“0”变成“1”，影响现场总线的性能，甚至使现场总线不能正常工作。除了在系统设计、安装、调试时采取必要的抗干扰措施，在高性能的总线中一般还设有出错码产生和校验机构，以实现传送过程的出错检测。例如，当传送数据时发生奇偶错误，通常会再发送一次信息。也有一些总线可以保证很低的出错率而不设检错机构。

要减小设备在总线上传送信息出错时故障对系统的影响，提高系统的重配置能力是十分重要的。例如，故障对分布式仲裁的影响要比对菊花式仲裁的小，菊花式仲裁在设备故障时会直接影响它后面设备的工作。现场总线系统能支持其软件利用一些新技术降低故障影响，如自动把故障隔离开来、实现动态重新分配地址、关闭或更换故障单元等。

1.3.2 通信传输技术

现场总线系统的应用在较大程度上取决于采用哪种传输技术，既要考虑传输的拓扑结构、传输率、传输距离和传输的可靠性等要求，还要考虑成本低廉、使用方便等因素。在过程自动化控制的应用中，为了满足本质安全的要求，数据和电源必须在同一根传输介质上传输，因此单一的技术不能满足所有的要求。在通信模型中，物理层直接和传输介质相连，规定了线路传输介质、物理连接的类型和电气功能等特性。

根据不同的分类标准，数据传输的方式可以分为串行通信和并行通信、单向通信和双向通信、异步通信和同步通信，通常采用 RS232C、RS422A 及 RS485 等通信接口标准进行信息交换。

数据传输技术——传输方式

1.3.2.1　通信方式

1. 串行通信和并行通信

（1）串行通信。串行通信时，数据的各个不同位分时使用同一条传输线，从低位开始一位接一位按顺序传送，数据有多少位就需要传送多少次，串行通信如图 1-9 所示。串行通信多用于可编程控制器与计算机之间、多台可编程控制器之间的数据传送。串行通信虽然传输率较小，但传输线少、连线简单，特别适合多位数据的长距离通信。

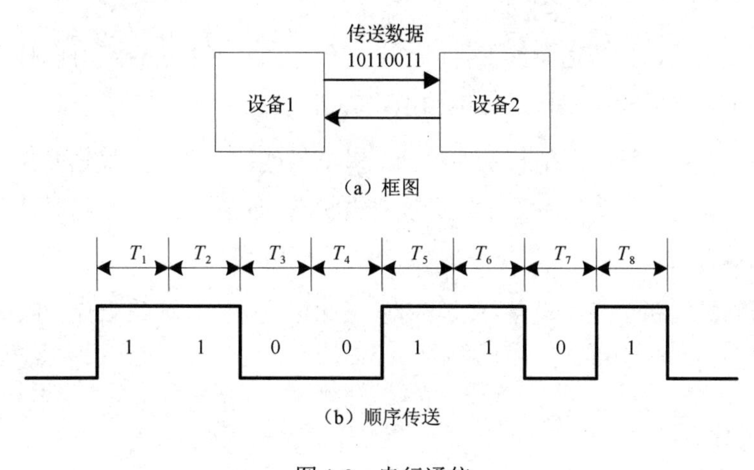

图 1-9　串行通信

串行通信的数据是逐位传输的，发送方发送的每一位都具有固定的时间间隔，这就要求接收方不仅要按照发送方同样的时间间隔来接收每一位，而且接收方必须能够确定一个信息组的开始和结束。串行通信方式包括同步串行通信和异步串行通信。

（2）并行通信。并行通信时，一个数据的所有位被同时传送，因此每个数据位都需要一条单独的传输线，信息有多少个二进制位就需要多少条传输线，并行通信如图 1-10 所示。并行通信方式一般用于可编程控制器内部的各个元件之间、主站与扩展模块或近距离智能模块之间的数据处理。虽

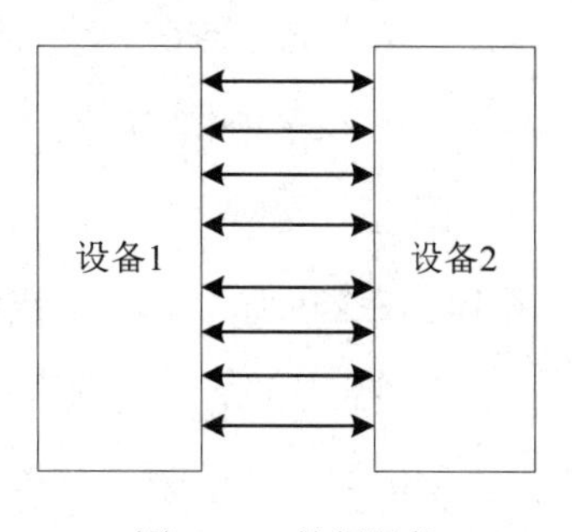

图 1-10　并行通信

然并行传输数据的速度很快，传输效率高，但若数据位数较多、传送距离较远，则路线复杂，成本较高且干扰大，因此其不适合远距离传输。

2. 单向通信和双向通信

串行通信按信息在设备间的传送方向可分为单工、半双工、全双工 3 种方式，分别如图 1-11（a）～图 1-11（c）所示。

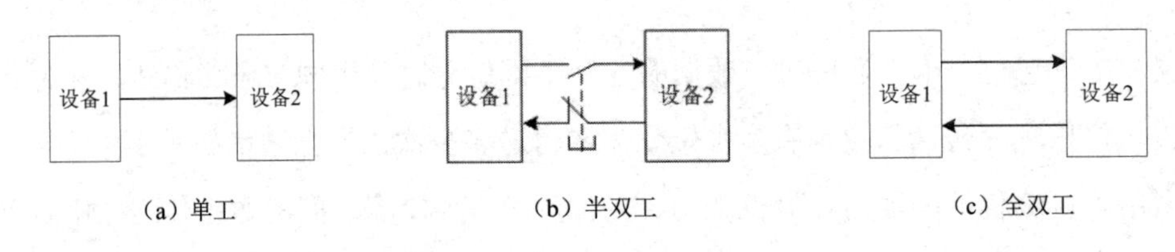

图 1-11 数据通信方式

单工通信是指数据的传送始终保持一个固定的方向，不能进行反方向传送，线路上任一时刻总是一个方向的数据在传送，例如无线广播。

半双工通信是指在两个通信设备中的同一时刻只能有一个设备发送数据，而另一个设备接收数据，没有限制哪个设备处于发送或接收状态，但两个设备不能同时发送或接收数据，例如无线对讲机。

全双工通信是指两个通信设备可以同时发送和接收数据，线路上任一时刻可以有两个方向的数据在流动，例如电话。

3. 异步通信和同步通信

串行通信按时钟可分为异步串行通信和同步串行通信两种方式。

异步通信是以字符为单位进行传输的，字符之间没有固定的时间间隔要求，每个字符中的各位以固定的时间传送，收、发取得同步是通过在字符格式中设置起始位和停止位的方法来实现的。即在一个有效字符发送之前，发送器先发送一个起始位，然后发送有效字符位，在字符结束时再发送一个停止位，起始位至停止位构成一帧。停止位至下一个起始位之间是不定长的空闲位，并且规定起始位为低电平（逻辑值为 0），停止位和空闲位都是高电平（逻辑值为 1），这样就保证了起始位开始处一定会有一个下跳沿，由此就可以标志一个字符传输的起始。而根据起始位和停止位也就很容易地实现了字符的界定和同步。显然，采用异步通信时，发送方和接收方可以由各自的时钟来控制数据的发送和接收，这两个时钟源彼此独立，可以互不同步。

异步串行通信规定传输的数据格式由起始位（Start Bit）、数据位（Data Bit）、奇偶校验位（Parity Bit）和停止位（Stop Bit）组成，如图 1-12 所示。

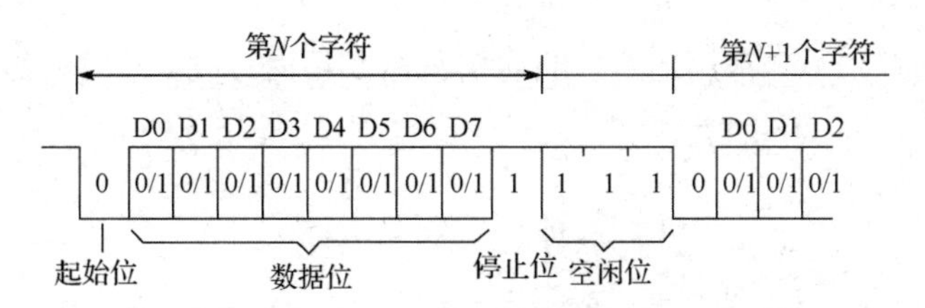

图 1-12　异步串行通信传输的数据格式

同步串行通信的数据传输是以数据块为单位的，字符与字符之间、字符内部的位与位之间都同步；每次传送 1 个或两个同步字符、若干个数据字节和校验字符；同步字符起联络作用，用它来通知接收方开始接收数据。在同步通信中，发送方和接收方要保持完全的同步，即发送方和接收方应使用同一时钟频率。

由于同步串行通信方式不需要在每个数据字符中加起始位、奇偶校验位和停止位，只需要在数据块之前加一两个同步字符，所以传输效率高，但对硬件要求也相应较高，主要用于高速数据通信。采用异步通信方式传输数据，每传送一字节都要加入一个起始位、奇偶校验位和停止位，传送效率低，主要用于中、低速数据通信。

1.3.2.2　通信接口标准

数据传输技术——接口标准

通信接口就是微处理器与外围设备之间的连接电路，它是两者之间进行信息交换的必要通路，不同的外围设备有不同的输入/输出接口电路。例如，键盘输入有键盘接口电路，显示器有显示器输出接口电路，打印机也有打印输出接口电路等。

接口标准是指外围设备接口的规范和定义，它涉及外围设备接口的信号线定义、传输率、传输方向、拓扑结构、电气和机械特性等方面。

1. RS232C 通信接口

串行通信时要求通信双方都采用标准接口，以便将不同的设备方便地连接起来进行通信。RS232C 通信接口（又称为 EIA RS232C）是目前计算机与计算机、计算机与 PLC 通信中常用的一种串行通信接口。

RS232C 通信接口是美国电子工业协会（EIA）公布的标准化接口。“RS”是英文“推荐标准”的缩写；“232”为标识号；“C”表示此接口标准的修改次数。它既是一种协议标准，又是一种电气标准，规定通信设备之间信息交换的方式与功能。

RS232C 通信接口可使用 9 引脚或 25 引脚的 D 型连接器，9 引脚 D 型连接器如图 1-13 所示。这些信号线有时不会都用，简单的通信只需 3 条信号线，即发送数据（TXD）、接收数据（RXD）和信号地（GND）。

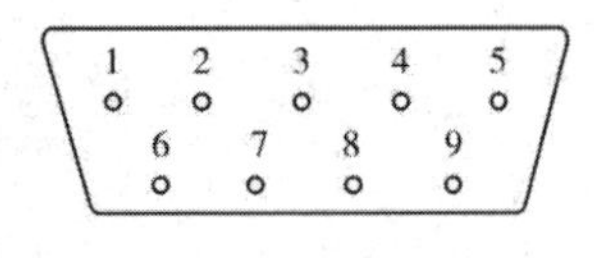

图 1-13　9 引脚 D 型连接器

常用的 RS232C 通信接口引脚名称、功能及其引脚号如表 1-2 所示。

表 1-2　常用的 RS232C 通信接口引脚名称、功能及其引脚号

引脚名称	功能	25 引脚连接器的引脚号	9 引脚连接器的引脚号
DCD	载波检测	8	1
RXD	接收数据	3	2
TXD	发送数据	2	3
DTR	数据终端设备准备就绪	20	4
GND	信号公共参考地	7	5
DSR	数据通信设备准备就绪	6	6
RTS	请求发送	4	7
CTS	清除传送	5	8
RI	振铃指示	22	9

两个 RS232C 设备之间的通信接口连接如图 1-14 所示。

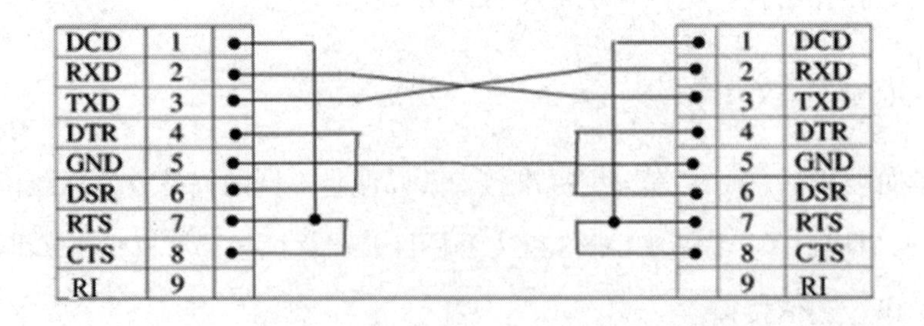

图 1-14　两个 RS232C 设备之间的通信接口连接

在电气特性上，RS232C 通信接口中任何一条信号线的电压均为负逻辑关系：逻辑“1”为-（5～15）V；逻辑“0”为+（5～15）V，噪声容限为 2V，即接收器能识别低至+3V 的信号作为逻辑“0”，高到-3V 的信号作为逻辑“1”。电气接口采用单端驱动、单端接收电路，容易受到公共地线上的电位差和外部引入的干扰信号的影响。

RS232C 通信接口只能进行一对一的通信，其驱动器负载为 3～7kΩ，所以 RS232C 适合本地设备之间的通信。传输率为 19200bps、9600bps、4800bps 等几种，最高通信传输率为 20kbps，最大传输距离为 15m，通信传输率和传输距离均有限。

2. RS422A 通信接口

针对 RS232C 通信接口的不足，美国电子工业协会于 1977 年推出了串行通信接口 RS499，对 RS232C 通信接口的电气特性做了改进；RS422A 通信接口是 RS499 通信接口的子集，它定义了 RS232C 通信接口所没有的 10 种电路功能，规定采用 37 引脚连接器。

在电气特性上，由于 RS422A 通信接口采用差动发送、差动接收的工作方式并使用+5V 电源，因此通信传输率、传输距离、抗共模干扰等方面较 RS232C 通信接口有较大的提高，最大传输率可达 10Mbps，传输距离为 12～1200m。

3. RS485 通信接口

RS485 通信接口是 RS422A 通信接口的变形。RS422A 通信接口是全双工通信，两对平衡差分信号线分别用于发送和接收，所以采用 RS422A 通信接口进行通信时最少需要 4 根线。RS485 通信接口为半双工通信，只有一对平衡差分信号线，不能同时发送和接收，最少只需两根信号线。在电气特性上，RS485 通信接口的逻辑“1”以两线间的电压差为+（2～6）V 表示，逻辑“0”以两线间的电压差为-（2～6）V 表示。接口信号电平比 RS232C 通信接口的低，不易损坏接口电路的芯片。

RS485 通信接口能用最少的信号线完成通信任务，且具有良好的抗噪声干扰性、高传输率（10Mbps）、长的传输距离（1200m）等优点。RS485 通信接口和双绞线可以组成串行通信网络，如图 1-15 所示，构成分布式系统，无中继时最多 32 站，有中继时最多 128 站，在工业控制中广泛应用。

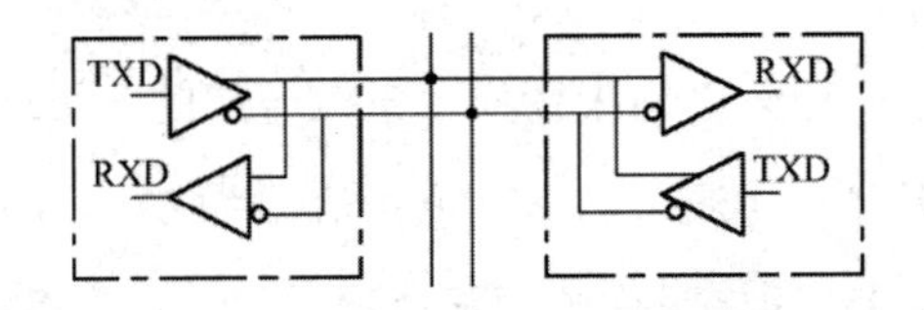

图 1-15　RS485 串行通信网络

4. RJ45 通信接口

RJ45 通信接口的全称是 Registered Jack 45，主要用于网络数据的传输，一共由 8 芯做成，网卡接口是 RJ45 通信接口最常见的应用，RJ45 通信接口的线根据线的排序不同分为直通线和交叉线。

网卡接口是 RJ45 通信接口最常见的应用。支持 10M 和 100M 自适应网络连接速度的 10/100 Base TX RJ45 通信接口是常用的以太网接口，常见的 RJ45 通信接口有用于以太网网卡、路由器以太网接口等的 DTE 类型，以及用于交换机等的 DCE 类型两种。DTE 一般称为“数据终端设备”，DCE 一般称为“数据通信设备”。两个类型一样的设备使用 RJ45 通信接口连接通信需要使用交叉线。

水晶接口是 RJ45 型网线插头，由 8 芯制成，用于连接局域网和 ADSL 宽带上网用户的不同网络设备。RJ45 型网线插头有 T568A 和 T568B 两种线序接法。

T568A 标准：绿白、绿、橙白、蓝、蓝白、橙、棕白、棕。

T568B 标准：橙白、橙、绿白、蓝、蓝白、绿、棕白、棕。

1.3.2.3　传输介质

数据传输技术——传输介质

传输介质也称为传输媒质或通信介质，是指通信双方用于彼此传输信息的物理通道，通常分为有线传输介质和无线传输介质两大类。有线传输介质使用物理导体提供从一个设备到另一个设备的通信通道；无线传输介质不使用任何人为的物理连接，而通过空间来传输信息。图 1-16 所示为传输介质的分类框图。在现场总线控制系统中，常用的传输介质为双绞线、同轴电缆和光缆等，其外形结构如图 1-17 所示。

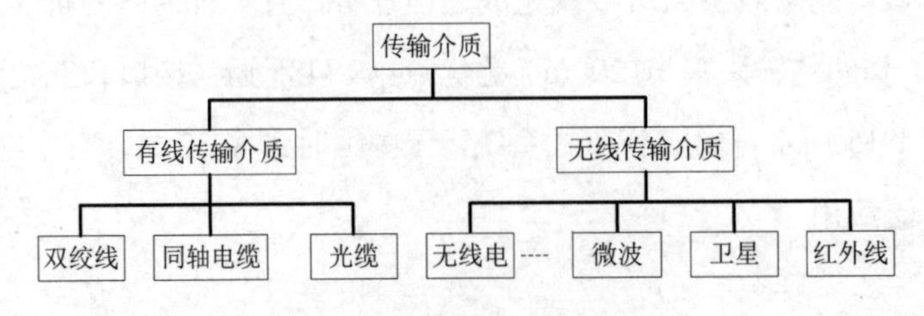

图 1-16　传输介质的分类框图

1. 双绞线

双绞线是目前最常见的一种传输介质，用金属导体来接收和传送通信信息，可分为非屏蔽双绞线（Unshielded Twisted Pair，UTP）和屏蔽双绞线（Shielded Twisted Pair，STP）。

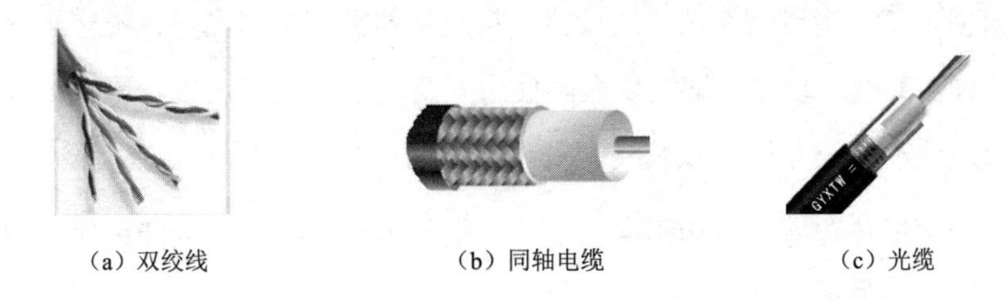

（a）双绞线　（b）同轴电缆　（c）光缆

图 1-17　常用传输介质的外形结构

每一对双绞线由绞合在一起的相互绝缘的两根铜线组成。把两根绝缘的铜线按一定密度互相绞在一起，可降低信号干扰的程度，每一根导线在传输中辐射的电波也会被另一根导线辐射的电波抵消。如果把一对或多对双绞线放在一个绝缘套管中便成了双绞线电缆，如在局域网中常用的 5 类、6 类、7 类双绞线就是由 4 对双绞线组成的。

屏蔽双绞线有较好的屏蔽性能，所以也具有较好的电气性能。但由于屏蔽双绞线的价格较非屏蔽双绞线贵，且非屏蔽双绞线的性能对于普通的企业局域网来说影响不大，甚至说很难被察觉，所以在企业局域网组建中所采用的通常是非屏蔽双绞线。

双绞线既可以传输模拟信号又可以传输数字信号。对于模拟信号，每 5～6km 需要一个放大器；对于数字信号，每 2～3km 需要一个中继器。使用时，在每对双绞线两端都需要安装 RJ45 通信接口才能与网卡、集线器或交换机相连接。

虽然双绞线与其他传输介质相比，在数据传输率、传输距离和信道宽度等方面均受到一定的限制，但在一般快速以太网应用中影响不大，而且价格较为低廉，所以目前双绞线仍是企业局域网中首选的传输介质。

2. 同轴电缆

同轴电缆如图 1-17（b）所示。其结构分为 4 层。内导体是一根铜线，铜线外面包裹着绝缘层，再外面是由金属或者金属箔制成的网状屏蔽层，最外面由一层塑料外套将电缆包裹起来。其中铜线用来传输电磁信号；金属网状屏蔽层一方面可以屏蔽噪声，另一方面可以作为信号地；绝缘层通常由陶制品或塑料制品组成，它将铜线与屏蔽层隔开；塑料外套可使电缆免遭物理性破坏，通常由柔韧性好的防火塑料制品制成。这样的电缆结构既可以防止自身产生的电干扰，又可以防止外部干扰。经常使用的同轴电缆有两种：一种是 50Ω 电缆，用于数字信号传输，由于多用于基带传输，所以也叫基带同轴电缆；另一种是 75Ω 电缆，多用于模拟信号传输。

常用的同轴电缆连接器是卡销式连接器，将连接器插到插口内，再旋转半圈即可，因此安装十分方便。T 型连接器（细缆以太网使用）常用于分支的连接。同轴电缆的安装费用低于屏蔽双绞线和 5 类非屏蔽双绞线，安装相对简单且不易损坏。

同轴电缆的数据传输率、传输距离、可支持的节点数、抗干扰性能都优于双绞线，成本也高于双绞线，但低于光缆。

3. 光缆

光导纤维是目前网络介质中最先进的技术，用于以极快的速度传输巨大信息的场合。它是一种传输光束的细微而柔韧的媒质，简称为光纤；在它的中心部分包括了一根或多根玻璃纤维，通过从激光器或发光二极管发出的光波穿过中心纤维来进行数据传输。

光导纤维电缆由多束纤维组成，简称为光缆。光缆是数据传输中最有效的一种传输介质，它有以下几个特点。

（1）抗干扰性好。光缆中的信息是以光的形式传播的，由于光不受外界电磁干扰的影响，而且本身也不向外辐射信号，所以光缆具有良好的抗干扰性能，适用于长距离的信息传输以及要求高度安全的场合。

（2）具有更宽的带宽和更高的传输率，且传输能力强。

（3）衰减少，无中继时传输距离远。这样可以减少整个通道的中继器数目，而同轴电缆和双绞线每隔几千米就需要连接一个中继器。

（4）光缆本身费用高，对芯材纯度要求高。

在使用光缆互连多个小型机的应用中，必须考虑光纤的单向特性，如果要进行双向通信，那么就应使用双股光纤，一股用于输入，一股用于输出。由于要对不同频率的光进行多路传输和多路选择，因此又出现了光学多路转换器。

光缆连接采用光缆连接器，安装要求严格，如果两根光缆间任意一段芯材未能与另一段光纤或光源对正，就会造成信号失真或反射；而连接过分紧密，则会造成光线改变发射角度。

1.3.3　网络拓扑结构

网络拓扑结构是指用传输介质将各种设备互连的物理布局。将在局域网（Local Area Network，LAN）中工作的各种设备互连在一起的方法有多种，目前大多数 LAN 使用的拓扑结构有星型、环型及总线型这 3 种。

星型拓扑结构如图 1-18（a）所示，其连接特点是用户之间的通信必须经过中心站，这样的连接便于系统集中控制、易于维护且网络扩展方便，但这种结构要求中心系统必须具有极高的可靠性，否则中心系统一旦损坏，整个系统便趋于瘫痪，对此中心系统通常采用双机热备份，以提高系统的可靠性。

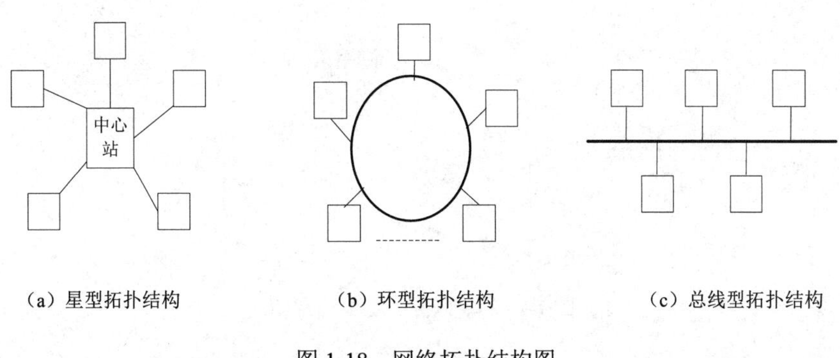

（a）星型拓扑结构　　（b）环型拓扑结构　　（c）总线型拓扑结构

图 1-18　网络拓扑结构图

环型拓扑结构在 LAN 中使用较多，如图 1-18（b）所示。其连接特点是每个端用户都与两个相邻的端用户相连，直到将所有端用户连成环形为止。这样的点到点的连接方式使得系统总是以单向方式操作，用户 N 是用户 N+1 的上游端用户，用户 N+1 是用户 N 的下游端用户，如果 N+1 端需要将数据发送到 N 端，则几乎要绕环一周才能到达 N 端。这种结构容易安装和重新配置，接入和断开一个节点只需改动两条连接即可，可以减少初期建网的投资费用。每个节点只有一个下游节点，不需要路由选择；可以消除端用户通信时对中心系统的依赖性，但某一节点一旦失效，整个系统就会瘫痪。

总线型拓扑结构在 LAN 中使用最普遍，如图 1-18（c）所示。其连接特点是端用户的物理媒体由所有设备共享，各节点地位平等，无中心节点控制。这样的连接布线简单，容易扩展，成本低廉，而且某个节点失效也不会影响其他节点的通信，但使用这种结构必须解决的一个问题是，要确保端用户发送数据时不能出现冲突。

1.3.4 网络控制方法

网络控制方法

网络控制方法是指在通信网络中使信息从发送装置迅速而正确地传递到接收装置的管理机制。常用的网络控制方法有令牌方式、争用方式、主-从方式。

1. 令牌方式

这种传送方式对介质访问的控制权是以令牌为标志的。只有得到令牌的节点，才有权控制和使用网络，常用于总线型网络拓扑结构和环型网络拓扑结构。令牌传送实际上是一种按预先的安排让网络中各节点依次轮流占用通信线路的方法，传送的次序由用户根据需要预先确定，而不是按节点在网络中的物理次序传送。令牌传送过程示意图如图 1-19 所示，令牌传送次序为节点 1→节点 3→节点 4→节点 2→节点 1。

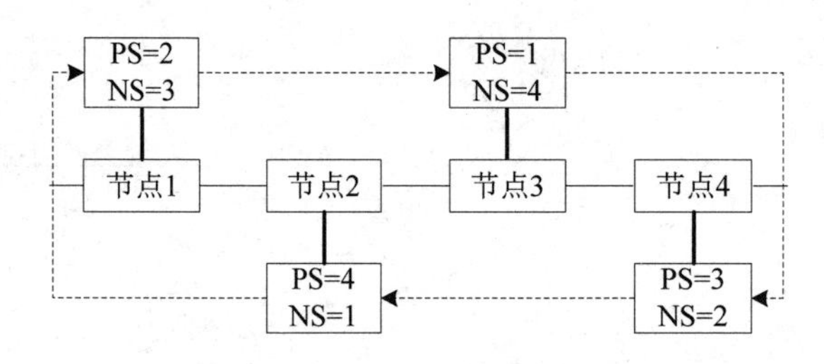

图 1-19　令牌传送过程示意图

（PS 为前一站节点；NS 为下一站节点；------▶为传送方向）

2. 争用方式

这种传送方式允许网络中的各节点自由发送信息，但如果两个以上的节点同时发送信息就会出现线路冲突，故需要加以约束，常采用载波监听多路访问/冲突检测（Carrier Sense Multiple Access/Collision Detect，CSMA/CD）方式，它是一种分布式介质访问控制协议，网中的各个节点都能独立地决定数据帧的发送与接收。每个站在发送数据帧之前，首先要进行载波监听，只有介质空闲时，才允许发送帧。如果两个以上的站同时监听到介质空闲并发送帧，则会产生冲突现象，会使发送的帧都成为无效帧，发送随即宣告失败。每个站必须有能力随时检测冲突是否发生，一旦发生冲突，则应停止发送（以免介质带宽因传送无效帧而被白白浪费），然后随机延时一段时间后，再重新争用介质，重新发送帧。

在点到点链路配置时，如果这条链路是半双工操作，只需使用很简单的机制便可保证两个端用户轮流工作：在一点到多点方式中，对线路的访问依据控制端的探询来确定；然而，在总线型网络中，由于所有端用户都是平等的，不能采取上述机制，因此可以采用 CSMA/CD 控制方式来解决端用户发送数据时出现的冲突问题。

CSMA/CD 控制方式的原理比较简单，技术上容易实现；网络中各工作站处于平等地位，不需要集中控制，不提供优先级控制；但在网络负载增大时，冲突概率增加，发送效率急剧下降。因此 CSMA/CD 控制方式常用于总线型网络拓扑结构，且通信负荷较轻的场合。

3. 主-从方式

在这种传送方式中，网络中有主站，主站周期性地轮询各从站节点是否需要通信，被轮询的节点允许与其他节点通信。这种方式多用于信息量少的简单系统，适合于星型网络拓扑结构或总线型主-从方式的网络拓扑结构。

1.3.5　数据交换技术

数据交换技术是网络的核心技术。在数据通信系统中通常采用线路交换、报文交换和分组交换的数据交换方式。

1. 线路交换方式

线路交换是指通过网络中的节点在两个站之间建立一条专用的通信线路，从通信资源的分配角度来看，交换就是按照某种方式动态地分配传输线路的资源。具体过程：建立电路、传输数据、拆除通道。

线路交换方式的优点是数据传输迅速可靠，并能保持原有序列。缺点是一旦通信双方占有通道后，即使不传送数据，其他用户也不能使用，造成资源浪费。这种方式适用于时间要求高、且连续的批量数据传输。

2. 报文交换方式

报文交换方式的传输单位是报文，长度不限且可变。报文中包括要发送的正文信息、指明收发站的地址及其他控制信息。数据传送过程采用存储-转发的方式，不需要在两个站之间提前建立一条专用通路。在交换装置控制下，报文先存入缓冲存储器中并进行一些必要的处理，当指定的输出线空闲时，再将数据转发出去，例如电报的发送。

报文交换方式的优点是效率高，信道可以复用且需要时才分配信道；可以方便地把报文发送到多个目的节点；建立报文优先权，让优先级高的报文优先传送。缺点是延时长，不能满足实时交互式的通信要求；有时节点收到的报文太多，以致不得不丢弃或阻止某些报文；对中继节点存储容量要求较高。

3. 分组交换方式

分组交换方式与报文交换方式类似，只是交换的单位为报文分组，而且限制了每个分组的长度，即将长的报文分成若干个报文组。在每个分组的前面加上一个分组头，用以指明该分组发往何地址，然后由交换机根据每个分组的地址标志，将它们转发至目的地，这些分组不一定按顺序抵达。这样处理可以减轻节点的负担，改善网络传输性能，例如互联网。

分组交换方式的优点是转发延时短，数据传输灵活。缺点是在目的节点处要对分组进行重组，增加了系统的复杂性。

1.3.6 差错控制技术

差错控制技术是指在数据通信过程中发现或纠正差错，并把差错限制在尽可能小的、允许的范围内而采用的技术和方法。差错控制编码是为了提高数字通信系统的容错性和可靠性，对网络中传输的数字信号进行的抗干扰编码。其思路是在被传输的信息中增加一些冗余码，利用附加码元和信息码元之间的约束关系进行校验，以检测和纠正错误。冗余码的个数越多，检错和纠错能力就越强。在差错控制编码中，检错码是能够自动发现差错的编码；纠错码不仅能发现差错而且能够自动纠正差错的编码。检错和纠错能力是用冗余的信息量和降低系统的效率为代价来换取的。

差错控制方法有简单编码、线性分组码、循环冗余校验法等。这些方法用于识别数据是否发生传输错误，并且可以启动校正措施，或者舍弃传输发生错误的数据，要求重新传输有错误的数据块。

1. 简单编码

1）奇偶校验法

奇偶校验法是一种通过增加冗余位使得码字中“1”的个数为奇数或偶数的编码方法，

它是一种检错码。这种检错码检错能力低，只能检测出奇/偶数个错误，但不能纠正。在发现错误后，只能要求重发，但由于其实现简单，得到了广泛的应用。

在奇校验法中，校验位使字符代码中“1”的个数为奇数（例如 11010110），接收端按同样的校验方式对收到的信息进行校验，如收到的字符及校验位中“1”的数目为奇数，则认为传输正确，否则认为传输错误。

在偶校验法中，校验位使字符代码中“1”的个数为偶数（例如 01010110），接收端按同样的校验方式对收到的信息进行校验，如收到的字符及校验位中“1”的数目为偶数，则认为传输正确，否则认为传输错误。

2）二维奇偶监督码

二维奇偶监督码又称为方阵码。它不仅对水平（行）方向的码元实施奇偶监督，而且还对垂直（列）方向的码元实施奇偶监督，可以检错也可以纠正一些错误。

3）恒比码

码字中 1 的数目与 0 的数目保持恒定比例的码称为恒比码。由于在恒比码中，每个码组均含有相同数目的 1 和 0，因此恒比码又称为等重码。这种码在检测时，只要计算接收码元中 1 的个数是否与规定的相同，就可判断有无错误。

该码的检错能力较强，除不能发现对换差错（1 和 0 成对地产生错误）外，对其他各种错误均能发现。例如，国际上通用的电报通信系统采用 7 中取 3 码。

2. 线性分组码——汉明码

汉明码是一种可以纠正一位错码的高效率线性分组码。其基本思想是，将待传信息码元分成许多长度为 k 的组，其后附加 r 个用于监督的冗余码元（也称为校验位），构成长为 $n=k+r$ 位的分组码。在前面介绍的奇偶校验码中，只有一位是监督位，它只能代表有错或无错两种信息，不能指出错码位置。如果选择监督位 $r=2$，则其能表示 4 种状态，其中一种状态用于表示信息是否传送正确，另外 3 种状态就可用来指示一位错码的 3 种不同位置，r 个监督关系式能指示一位错码 2^r-1 个可能的位置。

汉明码是一种具有纠错功能的纠错码，它能将无效码字恢复成距离它最近的有效码字，但不是百分之百的正确。

3. 循环冗余校验法

循环冗余校验（Cyclic Redundancy Check，CRC）法由线性分组码的分支而来，主要应用于二元组码。它是利用除法及余数的原理来做错误侦测（Error Detecting）的。这是一种比较精确、安全的检错方法，能够以很大的可靠性识别传输错误，并且编码简单，误判概率很低，但是这种方法不能够校正错误。循环冗余校验法在通信系统中得到了广泛的应用，特别适用于传输数据经过有线或无线接口时识别错误的场合。

1.3.7 网络互连设备

网络互联设备

网络互连是指将两个以上的网络系统，通过一定的方法，用一种或多种网络互连设备相互连接起来，构成更大规模的网络系统，以便更好地实现网络数据资源共享。相互连接的网络可以是同种类型的网络，也可以是运行不同网络协议的异型系统。网络互连不能改变原有网络内的网络协议、通信传输率和软硬件配置等，但通过网络互连技术可以使原先不能相互通信和共享资源的网络之间有条件实现相互通信和资源共享。

采用中继器、集线器、网络接口卡、交换机、网桥、路由器、防火墙和网关等网络互连设备，可以将不同网段或子网连接成企业应用系统。对于一般异种设备连接，采用直连线；对于同种设备连接，采用交叉线。

1. 中继器

中继器工作在物理层，是一种最为简单但也是用得最多的互连设备。它负责在两个节点的物理层上按位传递信息，完成信号的复制、调整和放大，以此来延长网络的长度。中继器由于不对信号做校验等其他处理，因此即使是差错信号，中继器也照样整形放大。

中继器一般有两个端口，用于连接两个网段，且要求两端的网段具有相同的介质访问方法。

2. 集线器

集线器（Hub）工作在物理层，是对网络进行集中管理的最小单元，对传输的电信号进行整形、放大，相当于具有多个端口的中继器。

3. 网络接口卡

网络接口卡，简称为网卡。它工作在数据链路层，不仅实现与局域网通信介质之间的物理连接和电信号匹配，而且负责实现数据链路层中数据帧的封装与拆封、数据帧的发送与接收、物理层的介质访问控制、数据编码与解码及数据缓存等功能。

网卡的序列号是网卡的物理地址，即 MAC 地址，用以标识该网卡在全世界的唯一性。

4. 交换机

交换机工作在数据链路层，可以识别数据包中的 MAC 地址信息，根据 MAC 地址进行数据转发，并将 MAC 地址与对应的端口记录在自己内部的一个地址表中；在数据帧转发前先送入交换机的内部缓冲存储器，可对数据帧进行差错检查。

5. 网桥

网桥也叫作桥接器。它工作在数据链路层，根据 MAC 地址对帧进行存储转发。它可有效地连接两个局域网（LAN），使本地通信限制在本网段内，并转发相应的信号至另一网段。网桥通常用于连接数量不多的、同一类型的网段。网桥将一个较大的 LAN 分成子段，有利于改善网络的性能、可靠性和安全性。

网桥一般有两个端口，每个端口均有自己的 MAC 地址，分别桥接两个网段。

6. 路由器

路由器工作在网络层，在不同网络之间转发数据单元。因此，路由器具有判断网络地址和选择路径的功能，能在多网络互连环境中建立灵活的连接。

路由器最重要的功能是路由选择，为经由路由器转发的每个数据包寻找一条最佳的转发路径。路由器比网桥更复杂、管理功能更强大，同时更具灵活性，经常被用于多个局域网、局域网与广域网，以及异构网络的互连。

7. 防火墙

防火墙一方面阻止来自互联网的对受保护网络的未授权或未验证的访问；另一方面允许内部网络的用户对互联网进行 Web 访问或收发 E-mail 等；还可以作为访问互联网的权限控制关口，如允许组织内的特定人员访问互联网。

8. 网关

网关工作在传输层或以上层次，是最复杂的网络互连设备。网关就像一个翻译器，当使用不同的通信协议、不同的数据格式甚至不同的网络体系结构的网络互连时，需要使用这样的设备，因此它又被称作协议转换器。与网桥只是简单地传达信息不同，网关需要对收到的信息重新打包，以适应目的端系统的需求。

网关具有从物理层到应用层的协议转换能力，主要用于异构网络的互连、局域网与广域网的互连，不存在通用的网关。

1.3.8 常用工业控制设备及通信协议

1.3.8.1 常用工业控制设备

常用工业控制设备有可编程控制器、数控机床、工业机器人、人机界面等。

可编程控制器（Programmable Logical Controller，PLC）是一种数字运算操作的电子系统，专门为在工业环境下应用而设计。它采用可以编制程序的存储器，用来在其内部存储执行逻辑运算和顺序控制、定时、计数和算术运算等操作的指令，并通过数字或模拟的输入和输出接口，控制各种类型的机械设备或生产过程。

数控机床（Numerical Control Machine Tool）是一种装有程序控制系统的自动化机床。该控制系统能够逻辑地处理具有控制编码或其他符号指令规定的程序，并将其译码，用代码化的数字表示，通过信息载体输入数控装置。经运算处理由数控装置发出各种控制信号，控制机床的动作，按图纸要求的形状和尺寸，自动地将零件加工出来。数控机床较好地解决了复杂、精密、小批量、多品种的零件加工问题，是一种柔性的、高效能的自动化机床，代表了现代机床控制技术的发展方向，是一种典型的机电一体化产品。

工业机器人是面向工业领域的多关节机械手或多自由度的机器人。工业机器人是自动执行工作的机器装置，是靠自身动力和控制能力来实现各种功能的一种机器。它可以接受人类指挥，也可以按照预先编排的程序运行，现代的工业机器人还可以根据人工智能技术制定的原则纲领行动。

人机界面（Human-Machine Interface，HMI）是人与计算机之间传递、交换信息的媒介和对话接口，是计算机系统的重要组成部分。它是系统和用户之间进行交互和信息交换的媒介，实现信息内部形式与人类可以接受的形式之间的转换。它可以连接 PLC、变频器、仪表等工业控制设备，利用显示屏显示，通过输入单元（如触摸屏、键盘、鼠标等）写入工作参数或输入操作命令。

1.3.8.2　常用工业通信协议

通信协议是指双方实体完成通信或服务所必须遵循的规则和约定。通过通信信道和设备互连起来的多个不同地理位置的数据通信系统，要使其能协同工作实现信息交换和资源共享，通信双方对数据的传送控制必须具有共同的约定。约定要对数据格式、同步方式、传输率、传送步骤、检错方式以及控制字符定义等问题做出统一规定，通信双方必须共同遵守，它也叫作链路控制规程。

每个仪表都有自己独特的通信协议，常见的有 Modbus 通信协议、OPC 通信协议、S7 通信协议、PROFIBUS 通信协议、HART 通信协议等。

1.3.9　现场总线控制网络

现场总线控制网络用于完成各种数据采集和自动控制任务，是一种特殊的、开放的计算机网络，是工业企业综合自动化的基础。从现场总线控制网络节点的设备类型、传输信息的种类、网络所执行的任务、网络所处的环境等方面来看，都有别于其他计算机构成的数据网络。

现场总线控制网络可以通过网络互连技术实现不同网段之间的网络连接与数据交换，包括在不同传输介质、不同传输率、不同通信协议的网络之间实现互连，从而更好地实现现场检测、采集、控制和执行，以及信息的传输、交换、存储与利用的一体化，以满足用户的需求。

1.3.9.1　现场总线控制网络的节点

现场总线控制网络的节点常常分散在生产现场，大多是具有计算与通信能力的智能测控设备。

节点可以是普通计算机网络中的 PC 或其他种类的计算机、操作站等设备，也可以是嵌入式 CPU，例如条形码阅读器、可编程控制器、监控计算机、智能调节阀、变频器和机器人等。

现场总线控制网络就是把单个分散的、有通信能力的测控设备作为网络节点，按照总线型、星型、树型等网络拓扑结构连接而成的网络系统，各个节点之间可以相互沟通信息、共同配合完成系统的控制任务。图 1-20 所示为现场总线控制网络连接示意图。

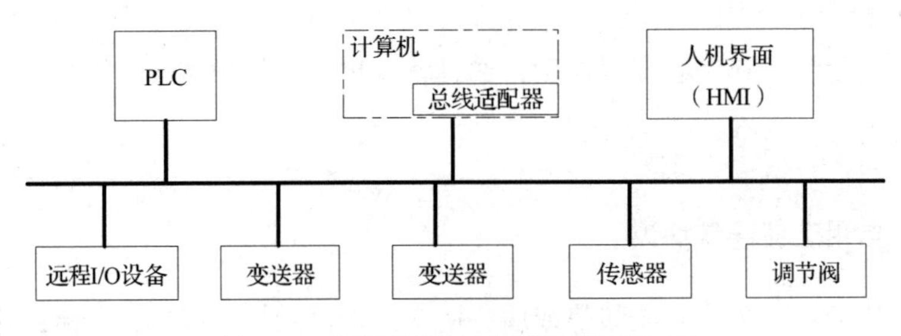

图 1-20　现场总线控制网络连接示意图

1.3.9.2　现场总线控制网络的任务

现场总线控制网络主要完成以下任务。

（1）将控制系统中现场运行的各种信息（例如，在控制室监视生产现场阀门的开度、开关的状态、运行参数的测量值及现场仪表的工作状况等）传送到控制室，使现场设备始终处于远程监视之中。

（2）控制室将各种控制、维护、参数修改等命令送往位于生产现场的测控设备中，使得生产现场的设备处于可控状态之中。

（3）与操作终端、上层管理网络实现数据传输与信息共享。

此外，现场总线控制网络还要面临工业生产的高温高压、强电磁干扰、各种机械振动及其他恶劣工作环境，因此要求现场总线控制网络能适应各种可能的工作环境。现场总线控制网络要完成的工作任务和所处的工作环境，使得它具有许多不同于普通计算机网络的特点。

为了适应和满足自动控制任务的需求，在开发控制网络技术及设计现场总线控制网络系统时，应该着重于满足控制的实时性要求、可靠性要求以及工业环境下的抗干扰性等控制要求。

实训 1.1　实训设备认知

工作任务	实训设备认知	备注
注意事项	安全注意事项： （1）严格遵守实训设备、专用工具的安全操作规程，严防人身、设备事故的发生，请勿触摸交流供电设备及交流接线端子 （2）不能带电操作，在通电情况下，不能进行接线、不能触摸交流供电设备 （3）实训结束后，必须收拾整理好工具、仪表、工件、导线等实训设备，保持实训台、地面和周边环境的干净整齐	

续表

工作任务	实训设备认知	备注
任务描述	（1）对照实训台，查看实训台上有哪些设备 （2）对照实训台，查看实训台上有哪些工业通信网络 （3）分析实训台上的工业网络实现了哪些通信功能，通信设备的硬件如何组网，软件如何实现通信	
实训目标	（1）熟悉实训台上的设备组成 （2）了解实训台上的设备的通信网络、设备 IP 地址、设备通信地址、设备名称 （3）熟悉实训台上的设备组成的工业通信网络 （4）熟悉工业通信网络的功能	
通信设备	认识主要的通信设备、控制器	
任务实施	（1）认识实训台上的各个设备，了解各个设备的功能 （2）了解实训台上的设备组成的工业通信网络 （3）分析实训台上各种设备的通信功能	
实训总结	（1）通过本实训你学到的知识点、技能点有哪些 （2）不理解哪些内容 （3）你认为在哪些方面还有进一步深化的必要	
老师评价		

实训 1.2　实训设备操作

工作任务	实训设备操作	备注
注意事项	安全注意事项： （1）严格遵守实训设备、专用工具的安全操作规程，严防人身、设备事故的发生，请勿触摸交流供电设备及交流接线端子 （2）不能带电操作，在通电情况下，不能进行接线、不能触摸交流供电设备 （3）实训结束后，必须收拾整理好工具、仪表、工件、导线等实训设备，保持实训台、地面和周边环境的干净整齐	
任务描述	（1）对照实训台，熟悉实训台上的设备组成的通信网络 （2）分析实训台上的每种通信网络结构 （3）分别操作每种通信网络，实现通信功能	
实训目标	（1）熟悉实训台上设备的 PROFIBUS 通信网络、Modbus 通信网络、PROFINET 通信网络 （2）掌握 Modbus 通信网络的 RS485 控制器数据采集操作 （3）掌握单轴滑台的回原点运动、点动运动、绝对运动、相对运动的位置控制操作方法 （4）掌握远程 I/O 控制器的远程控制操作 （5）掌握 PROFINET 网络的 PLC 之间的通信操作	

续表

工作任务	实训设备操作	备注
通信设备	认识主要的通信设备、控制器	
任务实施	（1）进入触摸屏主界面，根据不同的实训需求选择运动控制、远程 I/O 控制、RS485 控制器数据采集、PLC 通信中的其中一个按钮，进入相应的操作界面，进行详细操作，认真观察设备的运行情况 （2）进入 Modbus 通信网络的数据采集界面，读取 RS485 控制器的数据，观察数据的变化情况 （3）进入单轴滑台控制界面，执行回原点运动、点动运动、绝对运动、相对运动的位置控制操作 （4）进入远程 I/O 控制器的远程控制界面，观察执行结果 （5）进入 PLC 通信界面，观察 PROFINET 网络的 PLC 之间的通信操作	
实训总结	（1）通过本实训你学到的知识点、技能点有哪些 （2）不理解哪些内容 （3）你认为在哪些方面还有进一步深化的必要	
老师评价		

思考与练习

1．工业控制网络具有哪些特点？

2．什么是现场总线？现场总线有什么特点？

3．常用的现场总线有哪些？各有什么特点？

4．现场总线的本质体现在哪些方面？

5．简述串行通信和并行通信的优缺点。

6．工业通信网络有哪几种拓扑结构？

7．简述单工通信、半双工通信、全双工通信的区别。

8．工业通信网络中的通信接口标准有哪些？

9．工业通信网络的控制方式有哪些？

10．采用光缆传输数据有哪些优势？

11．列出几种网络互连设备，并说明其功能。

12．现场总线通信模型有哪几层？

项目2　PROFIBUS网络控制系统构建与运行

学习目标

1. 知识目标

- 了解PROFIBUS现场总线的应用领域。
- 了解PROFIBUS现场总线的概念、分类及特点。
- 熟悉PROFIBUS现场总线的传输技术。
- 熟悉PROFIBUS系统的配置方法。

2. 能力目标

- 具有对PROFIBUS现场总线进行硬件配置及网络组态的能力。
- 具有对PROFIBUS现场总线进行软件编程的能力。
- 具有构建与应用PROFIBUS网络控制系统的能力。

3. 素质目标

- 具有为祖国建设事业而刻苦学习的责任感和自觉性。
- 具有独立分析问题和解决问题的能力。
- 具有综合运用理论知识及理论联系实际的能力。
- 具有一定的创新意识。
- 遵守劳动纪律，具有环境意识、安全意识。

项目引入

PROFIBUS标准是一种国际化、开放式、不依赖于设备制造商的现场总线标准。PROFIBUS的传输率可在9.6kbps～12Mbps选择，且当总线系统启动时，所有连接到总线上的装置应该被设置成相同的速度。PROFIBUS 是一种用于工厂自动化车间级监控和现场设备层数据通信与控制的现场总线技术，可实现现场设备层到车间级监控的分散式数字控制和现场通信网络，从而为实现工厂综合自动化和现场设备智能化提供可行的解决方案。

任务 2.1 PROFIBUS 认知

PROFIBUS
现场总线
及其分类

PROFIBUS 是过程现场总线（Process Field Bus）的简称，其标准是 1987 年由西门子、ABB 等 13 家公司和 5 家研究机构按照 ISO/OSI 参考模型联合开发并制定的一种现场总线标准，是国际标准 IEC 61158 的组成部分（Type3）。该标准于 2001 年成为我国机械行业推荐标准 JB/T 10308.3—2001，于 2006 年成为我国第一个工业通信领域现场总线技术国家标准 GB/T 20540—2006。PROFIBUS 已广泛适用于制造业自动化、流程工业自动化，以及楼宇、交通电力等其他领域自动化。

PROFIBUS 由主站和从站组成，主站能够控制总线、决定总线的数据通信，当主站得到总线控制权时，没有外界请求也可以主动发送信息。从站没有控制总线的权力，但可以对接收到的信息给予确认，或者当主站发出请求时向主站回应信息。PROFIBUS 适合于快速、时间要求严格的应用和复杂的通信任务。

2.1.1 PROFIBUS 的特点

PROFIBUS 作为业界应用最广泛的现场总线技术，除具有一般总线的优点外，还有自身的特点，具体表现如下。

（1）最大数据长度为 244 字节，典型长度为 120 字节。

（2）网络拓扑结构为线型、树型或总线型，两端带有有源的总线终端电阻。

（3）传输率取决于网络拓扑结构和总线长度，从 9.6kbps 到 12Mbps 不等。

（4）站点数取决于信号特性，如对于屏蔽双绞线，每段为 32 个站点（无转发器），最多 127 个站点带转发器。

（5）传输介质为屏蔽/非屏蔽双绞线或光纤。

（6）当用双绞线时，传输距离最长可达 9.6km；当用光纤时，最长传输距离为 90km。

（7）传输技术为 DP（Decentralized Periphery）和 FMS（Fieldbus Message Specification）的 RS485 传输、PA 的 IEC 1158-2 传输和光纤传输。

（8）采用单一的总线方位协议，包括主站之间的令牌方式与从站之间的主-从方式。

（9）数据传输服务包括循环（主-从用户数据传送）和非循环（主-主数据传送）两类。

2.1.2　PROFIBUS 的分类

PROFIBUS 根据应用的特点及用户不同的需求，分为 PROFIBUS-DP、PROFIBUS-PA（Process Automation）、PROFIBUS-FMS，主要使用主-从方式，通常周期性地与传动装置进行数据交换。PROFIBUS 应用范围示意图如图 2-1 所示。

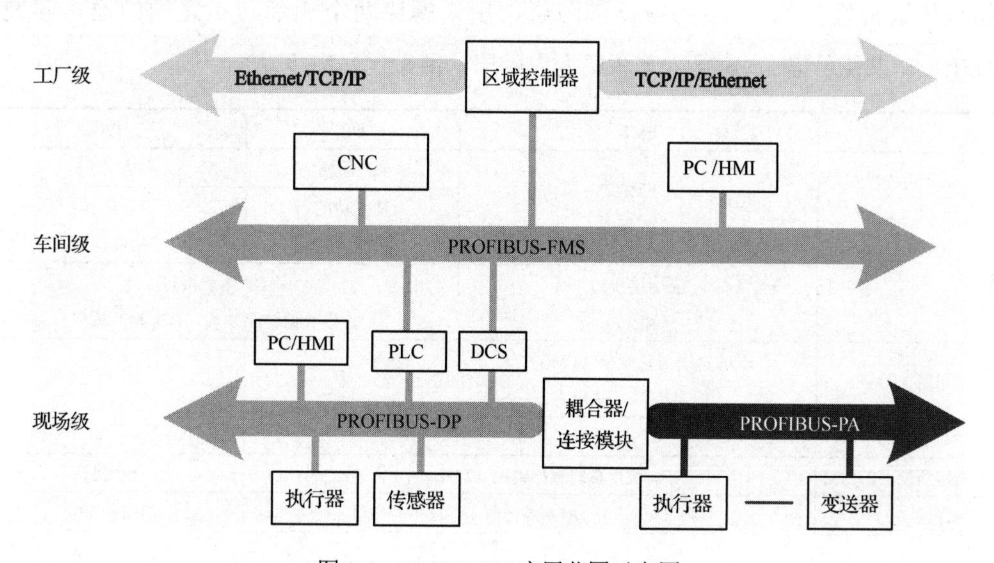

图 2-1　PROFIBUS 应用范围示意图

（1）分布 I/O 系统（PROFIBUS-DP）是一种经过优化的、高速、低成本的通信方式，用于设备级控制系统与分散式 I/O 的通信；可取代 4～20mA 或 24V DC 信号传输，实现自动控制系统和分散外围 I/O 设备及智能现场仪表之间的高速数据通信，传输率达 12Mbps，一般构成单主站系统，适合于加工自动化领域的应用。

（2）过程自动化（PROFIBUS-PA）是指应用于工业现场控制的过程自动化，可使传感器和执行机构连接在一根总线上，遵从 IEC 1158-2 标准，提供标准的、本质安全的传输技术，一般用于安全性要求较高的场合及由总线供电的站点。

（3）现场总线信息规范（PROFIBUS-FMS）用于车间级监控网络，主要解决车间级通用性通信问题，提供大量的通信服务，完成中等速度的循环和非循环通信任务，一般构成实时多主站网络系统，是一种令牌结构、实时的多主站网络，主要用于大范围的、复杂的通信系统。

2.1.3 PROFIBUS 通信协议概述

2.1.3.1 PROFIBUS 通信协议结构

PROFIBUS 通信协议结构根据的是 ISO 7498 国际标准，以开放系统互联（OSI）网络作为参考模型。PROFIBUS 通信协议结构示意图如图 2-2 所示，第 1 层为物理层，用来定义物理传输特性；第 2 层为数据链路层，用来解决两个相邻节点之间的通信问题；PROFIBUS 未使用第 3～6 层；第 7 层为应用层，用来定义应用功能。

<table>
<tr><th></th><th>FMS</th><th>DP</th><th>PA</th></tr>
<tr><td rowspan="3">用户层</td><td rowspan="2">FMS
设备行规</td><td>DP 行规</td><td>PA 行规</td></tr>
<tr><td>基本功能
拓展功能</td><td>基本功能
拓展功能</td></tr>
<tr><td>应用层接口
（ALI）</td><td colspan="2">DP 用户接口
直接数据链路映像（DDLM）程序</td></tr>
<tr><td>应用层（7）</td><td>现场总线信息规范（FMS）
低层接口（LLI）</td><td rowspan="2"></td><td rowspan="2"></td></tr>
<tr><td>（3）～（6）</td><td></td></tr>
<tr><td>数据链路层（2）</td><td colspan="2">现场总线数据链路（FDL）</td><td>IEC 接口</td></tr>
<tr><td>物理层（1）</td><td colspan="2">RS485/光纤</td><td>IEC 1158-2</td></tr>
</table>

图 2-2 PROFIBUS 通信协议结构示意图

（1）PROFIBUS-DP 定义了第 1、2 层和用户接口。第 3～7 层未加描述。这种简化的协议结构保证了数据传输的快速性和有效性。该模型提供了 RS485 传输技术和光纤传输技术；详细说明了各种不同 PROFIBUS-DP 设备的设备行为；定义了用户、系统及不同设备可以调用的应用功能。特别适合可编程控制器与现场分散的 I/O 设备之间的快速通信。

（2）PROFIBUS-FMS 定义了第 1、2、7 层，没有定义第 3～6 层，第 7 层应用层包括现场总线信息规范（Fieldbus Message Specification，FMS）和低层接口（Lower Layer Interface，LLI）。FMS 包括了应用协议并向用户提供了可广泛选用的强有力的通信服务。LLI 协调不同的通信关系并提供不依赖设备的第 2 层访问接口。

由于 PROFIBUS-FMS 和 PROFIBUS-DP 使用相同的传输技术和总线存取协议，因此它们可以在同一根电缆上同时运行。

（3）PROFIBUS-PA 除了采用扩展的 PROFIBUS-DP 协议进行数据传输，还使用了描述现场设备行为的 PA 规范。根据 IEC 1158-2 标准，这种传输技术可确保其本质安全，并使现场设备通过总线供电。使用 DP/PA 耦合器和 DP/PA LINK 连接器，PROFIBUS-PA 设备能很方便地集成在 PROFIBUS-DP 网络上。

PROFIBUS-PA 是为满足需要本质安全或总线供电的设备之间进行数据通信的协议，其数据传输率是固定的。

2.1.3.2 PROFIBUS 通信协议

PROFIBUS-DP、PROFIBUS-FMS 和 PROFIBUS-PA 均使用一致的总线存取协议，通过 OSI 参考模型的第 2 层数据链路层来实现。介质访问控制（Medium Access Control，MAC）必须确保在任何时刻只能由一个站点发送数据。PROFIBUS 通信协议的设计要满足介质控制的两个基本要求：其一，同一级的 PLC 或主站之间的通信必须使每一个主站在确定的时间范围内能获得足够的机会来处理它自身的通信任务；其二，主站和从站之间应尽可能快速而又简单地完成数据的实时传输。因此，PROFIBUS 使用混合的总线存取控制机制来实现上述目标，包括用于主站之间通信的令牌方式和用于主站与从站之间通信的主-从方式。

这种介质访问控制方式可有以下 3 种系统配置，即纯主-主系统（令牌方式）、纯主-从系统（主-从方式）和两种方式的组合。

当一个主站获得了令牌时，它就可以拥有主、从站通信的总线控制权，而且此地址在整个总线上必须是唯一的。在一个总线内，最大可使用的站地址范围是 0～126，也就是说，一个总线系统最多可以有 127 个节点。PROFIBUS 的总线存取控制符合欧洲 EN50170 V2 中规定的令牌总线程序和主-从程序的标准，与所使用的传输介质无关。

2.1.4 PROFIBUS 传输技术

现场总线系统的应用在较大程度上取决于采用哪种传输技术，不仅要考虑传输的拓扑结构、传输率、传输距离和传输的可靠性等通用要求，而且要兼顾成本低、使用方便等因素。在过程自动化的应用中，为了满足本质安全的要求，数据和电源必须在同一根传输介质上传输，因此单一的传输技术不可能满足以上所有要求。

在通信模型中，物理层直接与传输介质相连，规定了线路传输介质、物理连接的类型，以及电气、功能等特性，PROFIBUS 提供了三种数据传输技术类型。

PROFIBUS 传输技术

2.1.4.1 用于 DP 和 FMS 的 RS485 传输技术

RS485 传输技术是一种简单的、低成本的传输技术，其传输过程是建立在半双工、异步和无间隙同步化基础上的，数据的发送采用不归零编码（NRZ），这种传输技术被称为 H2。传输网络连接如图 2-3 所示，使用中继器连接各总线段，传输网络具有以下特点。

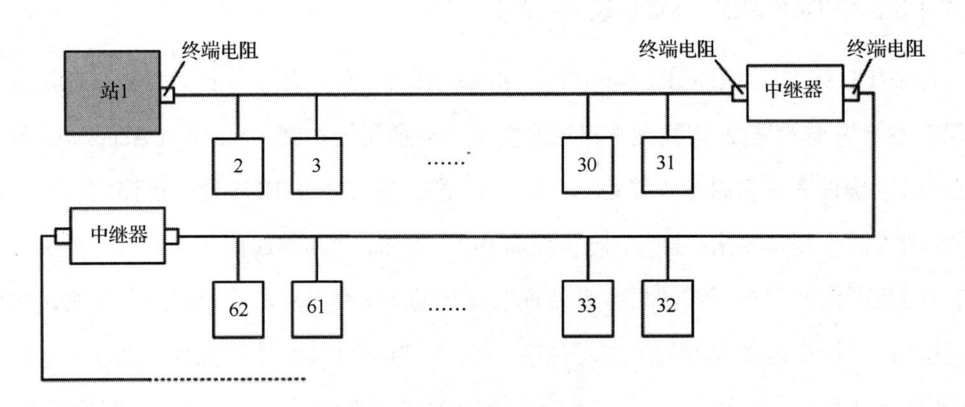

图 2-3 传输网络连接

（1）网络拓扑。所有设备都连接在总线结构中，每个总线段的开头和结尾均有一个终端电阻，为确保操作运行不发生误差，两个总线终端电阻必须要有电源。

（2）传输介质。采用屏蔽双绞线电缆作为传输介质，也可取消屏蔽，取决于电磁干扰环境即电磁兼容性（Electromagnetic Compatibility，EMC）的条件。

（3）站点数。每个总线段最多可以连接 32 个站，如果站数超过 32 个或需要扩大网络区域，则需要使用中继器来连接各个总线段。当使用中继器时最多可用到 127 个站，串联的中继器一般不超过 3 个。

（4）加热器连接。采用 9 引脚 D 型连接器，插座被安装在设备上。9 引脚 D 型连接器和插座的外观如图 2-4 所示。9 引脚 D 型连接器的引脚分配如表 2-1 所示。

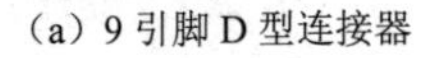

（a）9 引脚 D 型连接器　　（b）插座

图 2-4　9 引脚 D 型连接器和插座的外观

表 2-1　9 引脚 D 型连接器的引脚分配

引脚号	信号	信号含义
1	Shield	屏蔽/保护地
2	M24	24V 输出电压的地
3	RXD/TXD-P	接收数据/发送数据（正），B 线
4	CNTR-P	中继器控制信号（方向控制信号 P）
5	DGND	数据基准电压
6	VP	供电电压
7	P24	输出电压为 24V
8	RXD/TXD-N	接收数据/发送数据（负），A 线
9	CNTR-N	中继器控制信号（方向控制信号 N）

（5）传输率。传输率为 9.6kbps～12Mbps。

（6）传输距离。总线的最长传输距离取决于传输率，范围为 100～1000m。最长传输距离和传输率的对应关系如表 2-2 所示。若有中继器，距离可延长到 10km。

表 2-2　最长传输距离和传输率的对应关系

传输率/kbps	9.6	19.2	93.75	187.5	500	1500	1500	12000
最长传输距离/m	1200	1200	1200	1000	400	200	200	100

PROFIBUS-DP 的 RS485 总线电缆由一对双绞线组成，这两根线常被称为 A 线和 B 线，A 线对应于数据接收/发送的负端，即 RXD/TXD-N 引脚。B 线对应于数据接收/发送的正端，即 RXD/TXD-P 引脚。在每一个典型的 PROFIBUS-DP 的 D 型连接器内部都有 1 个备用的终端电阻和两个偏置电阻，其电路连接如图 2-5 所示，由 D 型连接器外部的一个微型拨码开关来控制是否接入，此开关关断时不接入终端电阻。

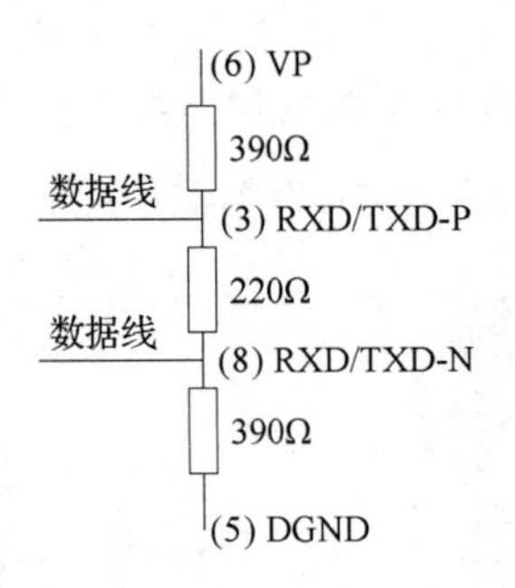

图 2-5　D 型连接器内部电路连接

总线上接入的所有设备在非通信状态下均处于高阻状态（三态门），此高阻状态可能导致总线处于不确定的电平状态而容易损坏电流驱动部件。为避免此种情况，一般在电路中对称使用两个 390Ω 的总线偏置电阻，分别把 A 线、B 线通过这两个偏置电阻连接到 VP 引脚（第 6 引脚，5V）和 DGND 引脚（第 5 引脚）上，使总线的稳态（静止）电平保持在一个稳定值。RS485 总线的连接结构如图 2-6 所示。

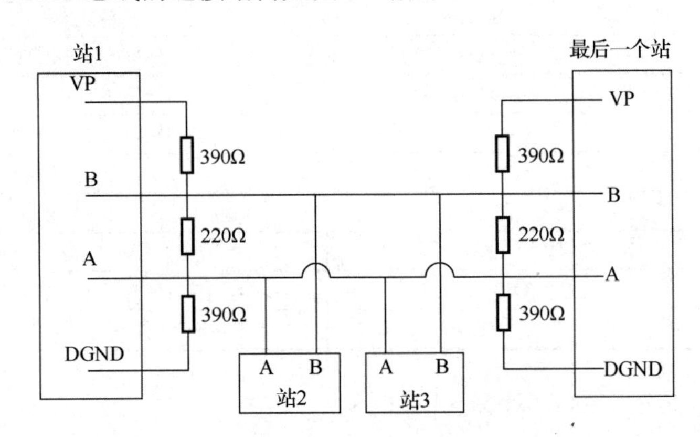

图 2-6　RS485 总线的连接结构

2.1.4.2　用于 DP 和 FMS 的光纤传输技术

在电磁干扰很强的环境或需要覆盖很长的传输距离的网络应用中，可使用光纤传输技术。光纤传输技术是一种采用玻璃作为波导，以光的形式将信息从一端传送到另一端的技术。光纤对电磁干扰不敏感，并能保证总线上站与站的电气隔离，允许 PROFIBUS 系统中站与站之间的距离最长为 15km。

现在的低损耗玻璃光纤相对于早期发展的传输介质，几乎不受带宽限制，且传输距离长、衰减小。点到点的光纤传输系统由 3 个基本部分构成，即产生光信号的光发送机、携带光信号的光缆和接收光信号的光接收机。

许多制造商提供专用总线连接器可将 RS485 信号转换成光纤信号，或者将光纤信号转换成 RS485 信号，故在同一系统中，可同时使用 RS485 传输技术和光纤传输技术，来提高系统的抗干扰性和稳定性。

2.1.4.3 用于 PA 的 IEC 1158-2 传输技术

IEC 1158-2 传输技术能满足化工等工业对环境的要求，可保证本质安全性和现场设备通过总线供电。这是一种位同步协议，可进行无电流的连续传输，通常称为 H1。采用曼彻斯特编码，能进行本质及非本质安全操作。每段只有一个电源作为供电装置，当站收发信息时，不向总线供电。IEC 1158-2 传输技术的具体特性如下。

（1）数据传输。采用数字式、位同步、曼彻斯特编码。

（2）传输率。传输率为 31.25kbps，与系统结构和总线长度无关。

（3）数据可靠性。采用起始和终止限定符避免误差。

（4）传输介质。传输介质可以采用屏蔽双绞线电缆，也可以采用非屏蔽双绞线电缆。

（5）远程电源供电。其为可选附件，还可通过数据总线供电。

（6）防爆型。能进行本征及非本征安全操作。

（7）站点数。每段最多有 32 个站，使用中继器最多可用到 127 个站。

（8）拓扑结构。采用总线型、树型或混合型网络拓扑结构。

PA 总线电缆的终端各有一个无源 RC 电路终端器，PA 总线的结构如图 2-7 所示。一条 PA 总线上最多可连接 32 个站点，总线的最大长度取决于电源、传输介质的类型和总线站点的电流消耗。

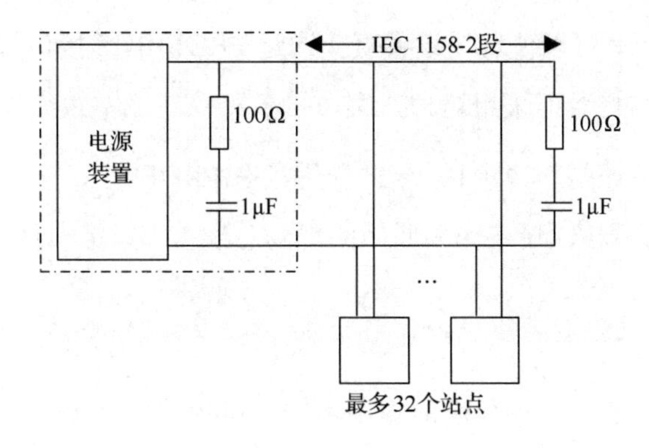

图 2-7 PA 总线的结构

2.1.5 PROFIBUS 系统配置

PROFIBUS 系统的硬件由主站、从站、网络部件和网络工具等组成。其中网络部件包括通信介质（例如电缆、光缆等）、总线连接器（例如中继器、RS485 总线连接器等），以及用于连接串行通信、以太网、传感器/执行器接口、电气安装总线（Electrical Installation Bus，EIB）等网络系统的网络转换器。网络工具包括进行 PROFIBUS 网络配置和诊断的软件与硬件，用于网络的安装与调试。

2.1.5.1 现场设备的分类

1. 根据现场设备是否具有 PROFIBUS 接口划分

1）现场设备都不具有 PROFIBUS 接口

目前多数国产现场设备不具有现场总线通信的能力，不能直接接入现场总线系统。例如，对企业现有设备进行技术改造时，由于系统大量采用非智能仪表和执行机构，全面更换或者更新设备造价太高，所以可以采用远程 I/O 设备作为总线接口，将正在使用的非智能输入、输出设备信号与远程 I/O 设备相连，远程 I/O 设备通过现场总线与中央控制器相连。如果现场设备能分组，组内设备又相对集中，选用这种模式能更好地发挥现场总线技术的优点。

PROFIBUS 设备分类

2）部分现场设备具有 PROFIBUS 接口

这是目前现场总线系统中普遍存在的形式，系统可以采用具有 PROFIBUS 接口的现场设备与分布式 I/O 设备混合使用的办法。

3）现场设备都具有 PROFIBUS 接口

这是一种理想状况，可以使现场设备直接通过 PROFIBUS 接口接入现场总线系统，从而形成完全的分布式结构。但采用这种方案，设备和系统成本较高。

无论是旧系统改造还是新建项目，全部使用具有 PROFIBUS 接口的现场设备的场合可能不多，因此，将分布式 I/O 设备作为通用的现场总线接口，是一种灵活的系统集成方案。

2. 根据现场设备在控制系统中的作用划分

根据现场设备在控制系统中所起的作用不同，可进行如下分类。

（1）1 类主站（DPM1）设备。1 类主站（DPM1）设备是中央控制器，能控制若干从站，完成总线通信控制、管理及周期性数据访问。无论 PROFIBUS 网络采用何种结构，1 类主站设备都是系统必需的。比较典型的 1 类主站设备有 PLC、PC、支持主站功能的各种通信处理器模块等。

（2）2 类主站（DPM2）设备。2 类主站（DPM2）设备的主要作用是管理 1 类主站的组态数据和诊断数据，与 1 类主站进行通信，也可以与从站进行输入、输出数据的通信，并为从站分配新的地址，用于完成各站点的数据读/写、系统组态、故障诊断及组态数据管理等。2 类主站设备主要在工程设计、系统组态或操作设备时使用，比较典型的 2 类主站设备有编程设备、触摸屏和操作面板等。

（3）从站。PROFIBUS 从站是对数据和控制信号进行输入、输出的设备。从站在主站的控制下完成组态、参数修改和数据交换等任务。从站由主站统一编址，接收主站的指令，按主站的指令驱动 I/O 设备，并将 I/O 设备的输入及故障信息反馈给主站。从站的设备可以是 PLC 一类的控制器，也可以是不具有程序存储和程序执行功能的分散式 I/O 设备，还可以是一些有智能接口的现场仪表、变频器等。

2.1.5.2　PROFIBUS 系统的配置形式

根据实际应用需要，PROFIBUS 系统有以下几种配置形式。

（1）PLC 或其他控制器作为 1 类主站，不设监控站（计算机或人机界面）。在这种配置形式中，在调试阶段需要配置一台编程设备，PLC 或其他控制器完成总线通信管理、从站数据读/写以及从站远程参数化工作。PLC 或其他控制器作为 1 类主站，不设监控站，如图 2-8 所示。

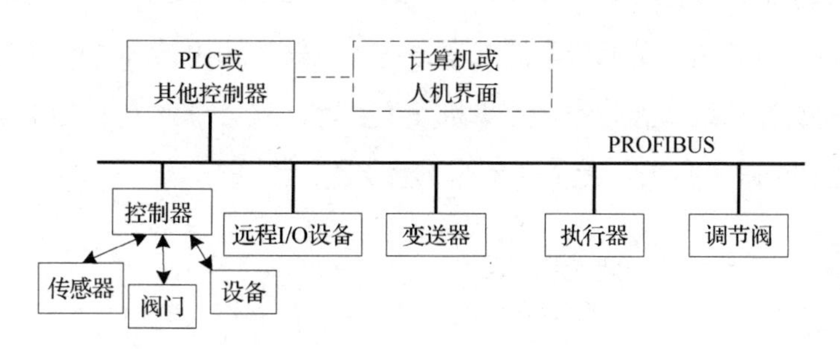

图 2-8　PLC 或其他控制器作为 1 类主站，不设监控站

PROFIBUS 配置形式

（2）PLC 或其他控制器作为 1 类主站，监控站（计算机或人机界面）通过串口与 PLC 连接。在这种配置形式中，监控站不在 PROFIBUS 网络上，不是 2 类主站，不能直接读取从站数据和完成远程参数化工作。监控站所需数据只能从 PLC 中读取。PLC 或其他控制

器作为 1 类主站，监控站通过串口与 PLC 连接，如图 2-9 所示。

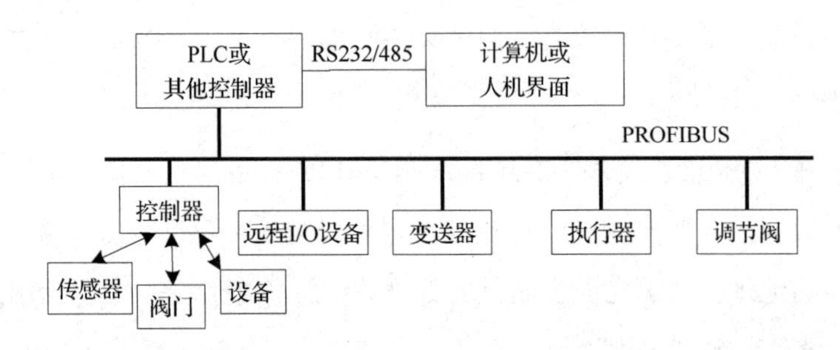

图 2-9　PLC 或其他控制器作为 1 类主站，监控站通过串口与 PLC 连接

（3）PLC 或其他控制器作为 1 类主站，将监控站（计算机或人机界面）连接在 PROFIBUS 总线上。在这种配置形式中，监控站作为 2 类主站运行，可完成远程编程、参数设置及在线监控功能。PLC 或其他控制器作为 1 类主站，将监控站连接在 PROFIBUS 总线上，如图 2-10 所示。

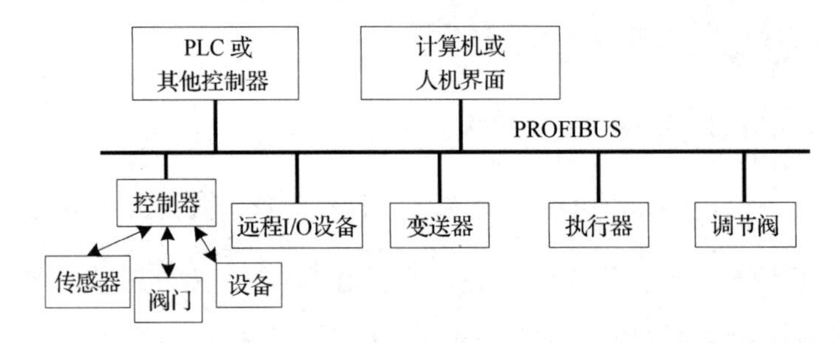

图 2-10　PLC 或其他控制器作为 1 类主站，将监控站连接在 PROFIBUS 总线上

（4）用工业控制计算机+PROFIBUS 网卡作为 1 类主站。在这种配置形式中，计算机既作为主站又作为监控站，是低成本的配置方案。但需要选用具有高可靠性、能长时间连续运行的工业控制计算机，因为一旦计算机发生故障，将会导致整个系统瘫痪。工业控制计算机+PROFIBUS 网卡作为 1 类主站如图 2-11 所示。

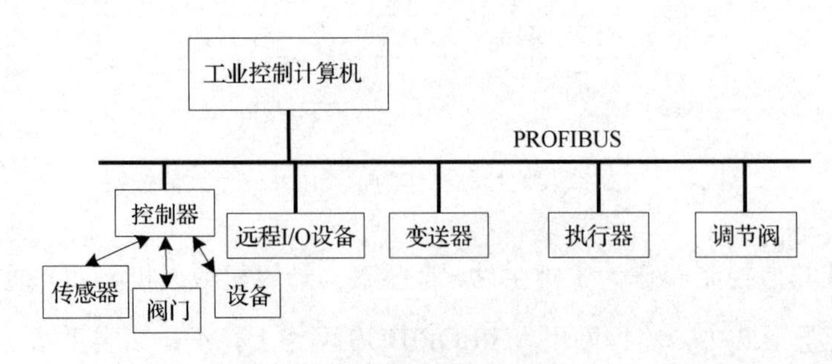

图 2-11　工业控制计算机+PROFIBUS 网卡作为 1 类主站

（5）工业控制计算机+PROFIBUS 网卡+SoftPLC。SoftPLC 是一种软件产品，可以将通用型 PLC 改造成一台由软件实现的 PLC，将 PLC 的编程功能、应用程序运行功能、操作员监控站的图形监控功能都集成到一台计算机中，形成集 PLC 与监控站于一体的控制工作站。

任务 2.2　S7-1200 PLC 之间的 PROFIBUS-DP 控制系统构建与运行

2.2.1　PROFIBUS-DP 控制系统的网络结构

PROFIBUS-DP 用于现场设备级的高速数据传送。在同一总线上最多可连接 127 个站点。系统配置的描述包括站数、站地址、输入/输出地址、输入/输出数据格式、诊断信息格式及所使用的总线参数。PROFIBUS-DP 控制系统分为单主站系统和多主站系统。

1200PLC 之间的 PROFIBUS-DP 控制系统组态

在 PROFIBUS-DP 单主站系统中，在总线系统运行阶段，只有一个活动主站，图 2-12 所示为 PROFIBUS-DP 单主站系统网络结构图，PLC 作为主站。主站周期地读取从站的输入信息并周期地向从站发送输出信息。

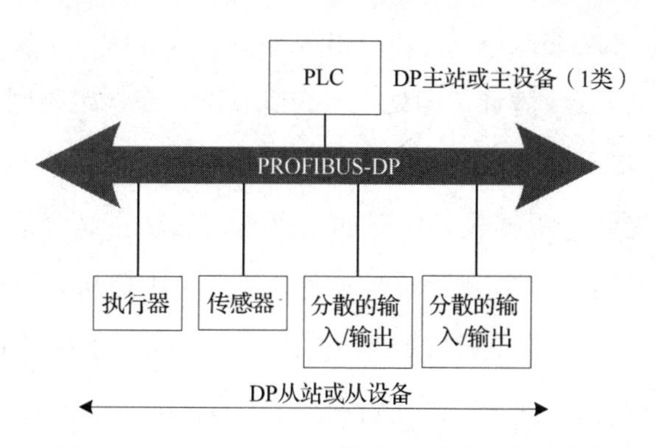

图 2-12　PROFIBUS-DP 单主站系统网络结构图

在 PROFIBUS-DP 多主站系统中，总线上连接有多个主站。总线上的主站与各从站构成相互独立的子系统，图 2-13 所示为 PROFIBUS-DP 多主站系统网络结构图，任何一个主站均可读取 DP 从站的输入/输出映像，但只有一个 DP 主站允许对 DP 从站写入数据。

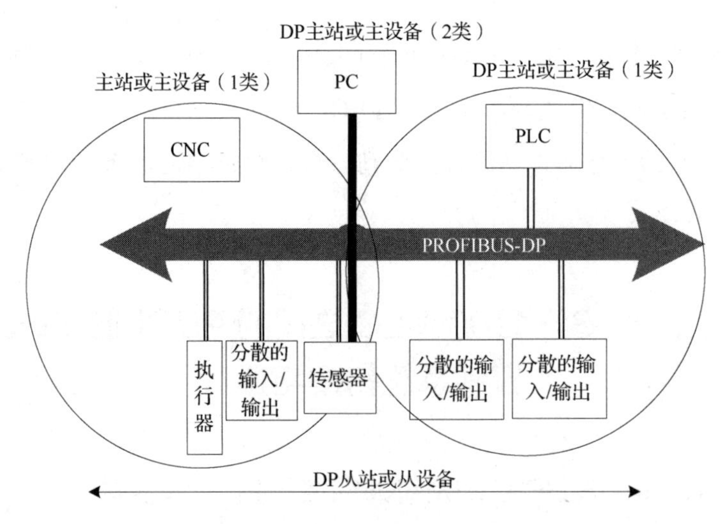

图 2-13　PROFIBUS-DP 多主站系统网络结构图

2.2.2　PROFIBUS-DP 控制系统的工作过程

PROFIBUS-DP 的数据通信分为 4 个阶段：主/从站的初始化、令牌环的建立、主站与 DP 从站通信的初始化、交换用户数据通信。

主/从站的初始化：系统上电后，主站和从站进入离线状态并进行自检。当所需的参数都被初始化后，主站需要加载总线参数集，从站需要加载相应的诊断响应信息等。

令牌环的建立：初始化完成以后，主站开始监听总线令牌，从站等待主站对其设置参数。主站准备好后进入总线令牌环，即处于听令牌状态。在一定时间内，主站如果没有听到总线上的信号传递，就开始生成自己的令牌并初始化令牌环。然后该主站对全体可能的主站地址做一次状态询问，根据收到应答的结果确定活动主站表（List of Active Master Station，LAMS）和本主站所管辖站地址范围，该地址范围指从本站地址（TS）到令牌环中的后继站地址（NS）之间的地址范围。活动主站表的形成标志着逻辑令牌环初始化完成。

主站与 DP 从站通信的初始化：主站与 DP 从站交换用户数据之前，主站必须设置 DP 从站的参数并配置从站的通信接口，因此主站首先检查 DP 从站是否在总线上。如果 DP 从站在总线上，则主站通过请求 DP 从站的诊断数据来检查 DP 从站的准备情况。如果 DP 从站报告它已准备好接受参数，则主站给 DP 从站设置参数数据并检查通信接口配置，在正常情况下 DP 从站将分别给予确认。收到 DP 从站确认回答后，主站再请求 DP 从站的诊断数据以查明 DP 从站是否准备好进行用户数据交换。只有在这些工作正确完成后，主站才能开始循环地与 DP 从站交换用户数据。

交换用户数据通信：在交换用户数据期间，DP 从站只响应对其设置参数和通信接口配置检查正确的主站发来的用户数据，主站和 DP 从站可以双向交换最多 244 字节的用户数据。在此阶段，当 DP 从站出现故障或其他诊断信息时，将会中断正常的用户数据交换。DP 从站将应答时的报文服务级别从低优先级改变为高优先级来告知主站当前有诊断报文中断或其他状态信息。然后，主站发出诊断请求，请求 DP 从站的实际诊断报文或状态信息。处理后，DP 从站和主站返回到交换用户数据状态。

2.2.3　S7-1200 PLC PROFIBUS-DP 电气连接及特性数据

S7-1200 PLC PROFIBUS-DP 特性数据如表 2-3 所示。

表 2-3　S7-1200 PLC PROFIBUS-DP 特性数据

特性数据	参数
传输率	9.6kbps～12Mbps
PROFIBUS-DP 地址范围	0～127 0：一般用于编程设备 1：一般用于操作员站 126：不具有开关设置，必须通过网络重新寻址的出厂设备保留 127：用于广播 DP 设备的有效地址范围是 2～125
S7-1200 PLC DP 主站数据区的大小	最大为 1024 字节 输入区最大为 512 字节，输出区最大为 512 字节
S7-1200 PLC DP 从站数据区的大小	输入区最大为 240 字节，输出区最大为 240 字节，每个 DP 从站的诊断数据区最大为 240 字节

2.2.4　S7-1200 PLC 之间的 PROFIBUS-DP 控制系统构建

2.2.4.1　控制要求

采用 PROFIBUS-DP 通信方式实现 S7-1200 PLC 和 S7-1200 PLC 之间的数据通信。

分析：S7-1200 PLC 自身不具有 PROFIBUS-DP 接口，通过添加 CM1243-5 DP 主站模块和 CM1242-5 DP 从站模块构建 PROFIBUS-DP 网络。

2.2.4.2　系统配置

系统为单主站 PROFIBUS-DP 网络系统，系统配置如图 2-14 所示，系统主站与从站之

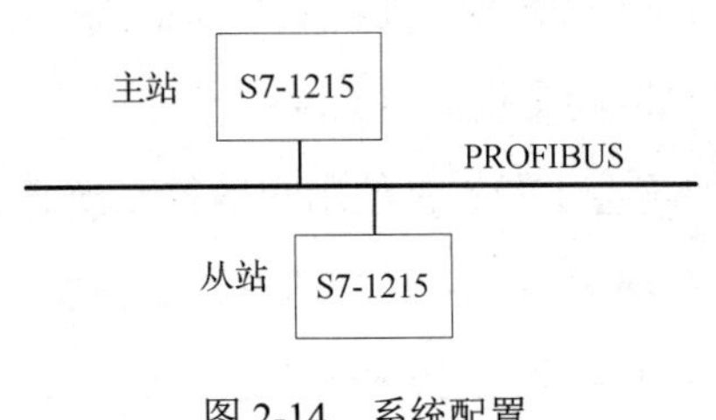

图 2-14　系统配置

间通过PROFIBUS连接，构成单主站形式的PROFIBUS-DP 网络系统。

2.2.4.3　系统创建过程

1. 设备组态

在博途软件中创建新项目，添加两个 S7-1215 PLC，分别命名为DP主站、DP从站，如图2-15所示。

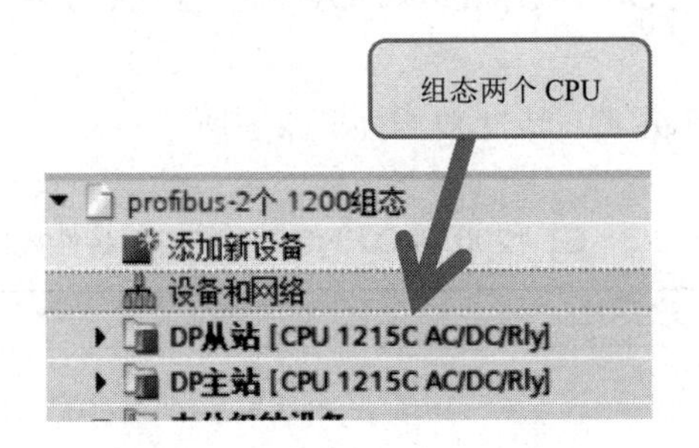

图 2-15　添加两个 S7-1215 PLC

2. 主站组态

打开DP主站的硬件组态界面，按图2-16所示的步骤添加“CM1243-5”（PROFIBUS-DP主站）通信模块，打开通信模块的“属性”界面，如图2-17所示，单击“添加新子网”按钮，则如图2-18所示，创建了“PROFIBUS_1”子网。

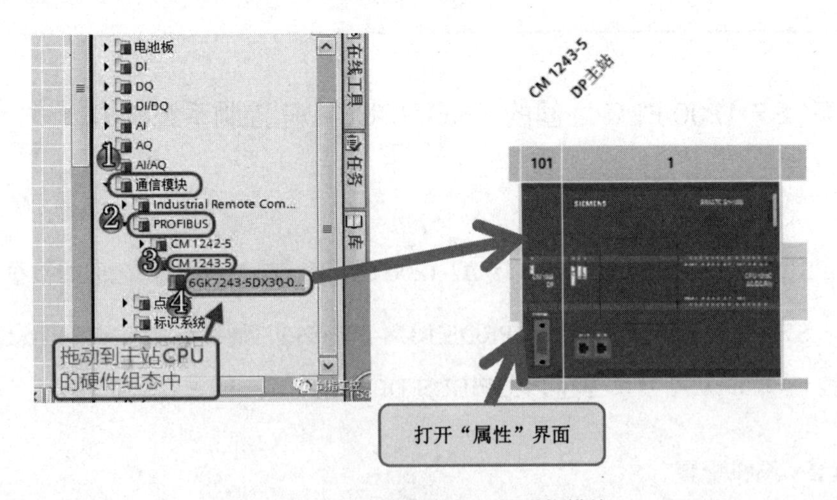

图 2-16　添加“CM1234-5”通信模块

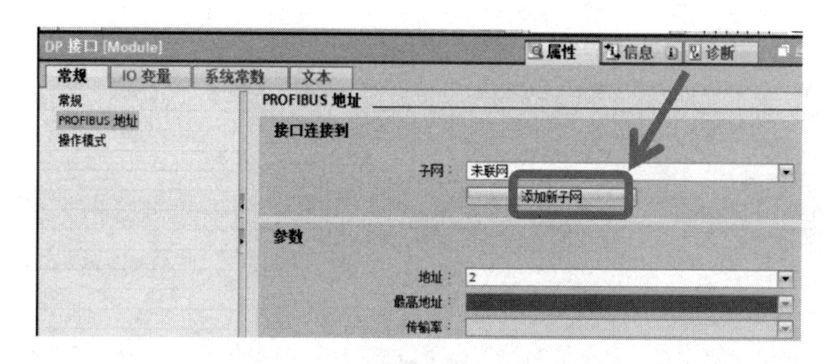

图 2-17　通信模块的“属性”界面

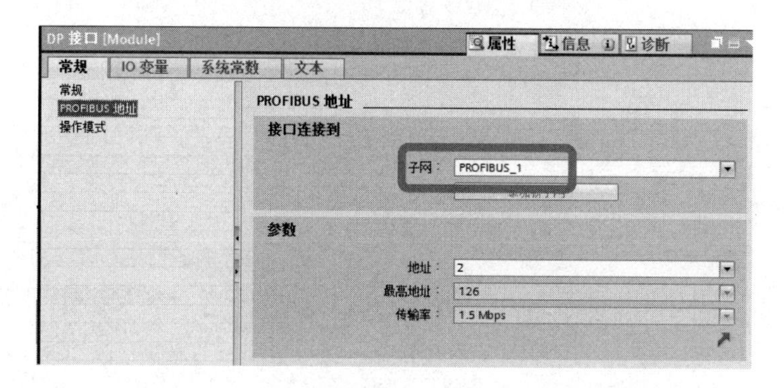

图 2-18　创建了“PROFIBUS_1”子网

3. 从站组态

打开 DP 从站的硬件组态界面，按图 2-19 所示添加“CM1242-5”（PROFIBUS-DP 从站）通信模块。打开通信模块的“属性”界面，找到“子网”的下拉菜单按钮，如图 2-20 所示；展开“子网”下拉菜单，如图 2-21 所示；选择主站已创建的“PROFIBUS_1”子网，如图 2-22 所示。

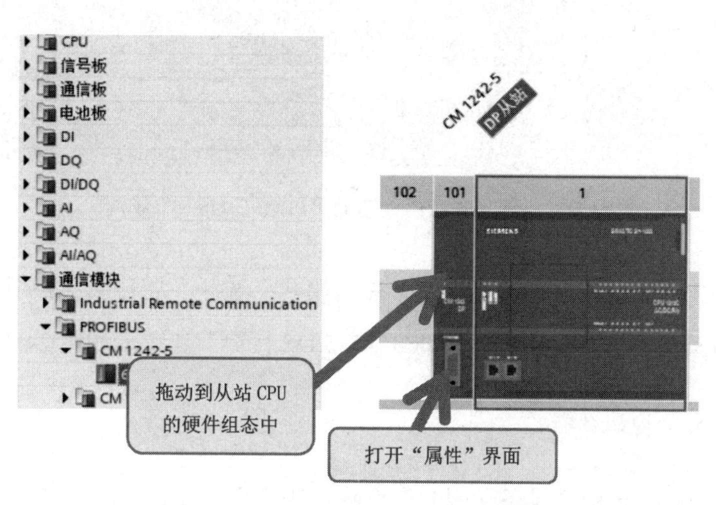

图 2-19　添加“CM1242-5”通信模块

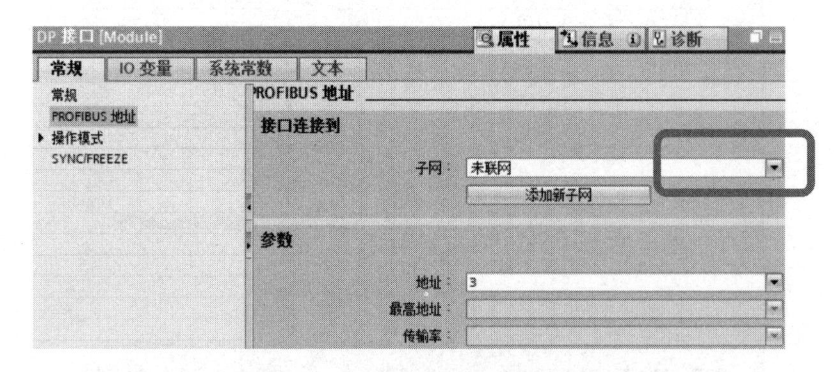

图 2-20 “子网”的下拉菜单按钮

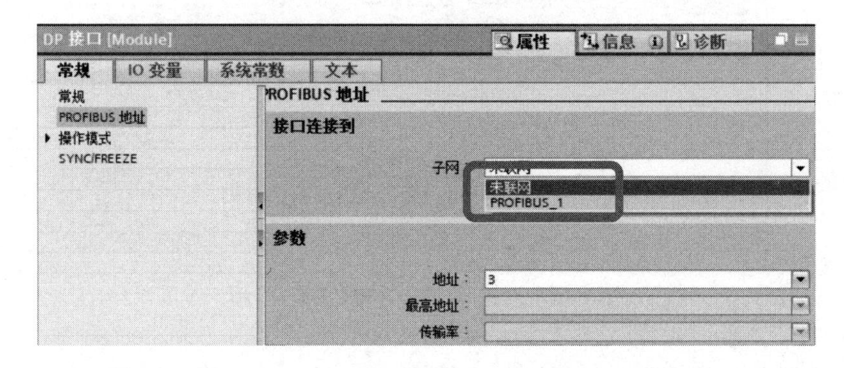

图 2-21 展开“子网”下拉菜单

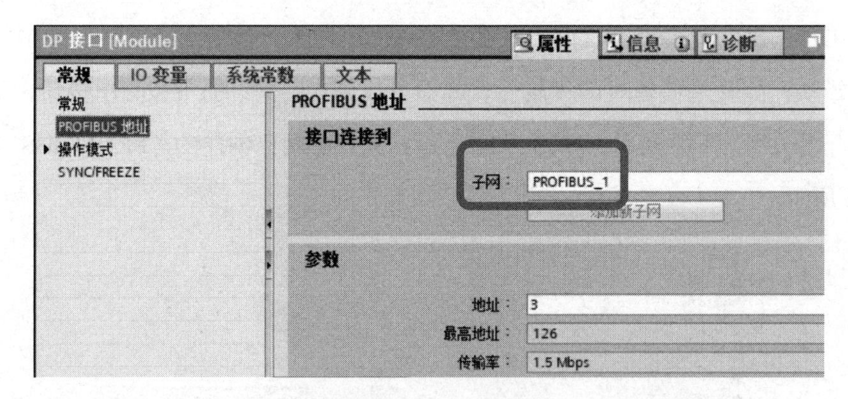

图 2-22 选择主站已创建的“PROFIBUS_1”子网

在 PROFIBUS 从站通信模块属性的“操作模式”选区，展开图 2-23 所示的“分配的 DP 主站”下拉菜单，选择“DP 主站.CM1243-5.DP 接口”选项，如图 2-24 所示。

4. PROFIBUS 网络连接

如图 2-25 所示，选中“设备和网络”选项，则出现图 2-26 所示的 PROFIBUS 网络连接图，即完成了 PROFIBUS 网络的创建。

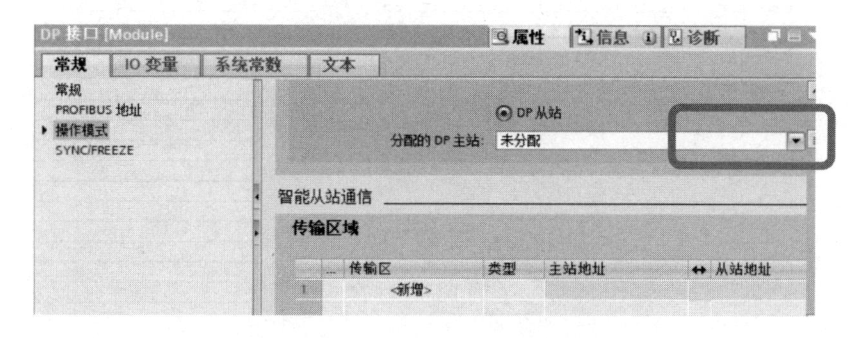

图 2-23　“分配的 DP 主站”下拉菜单

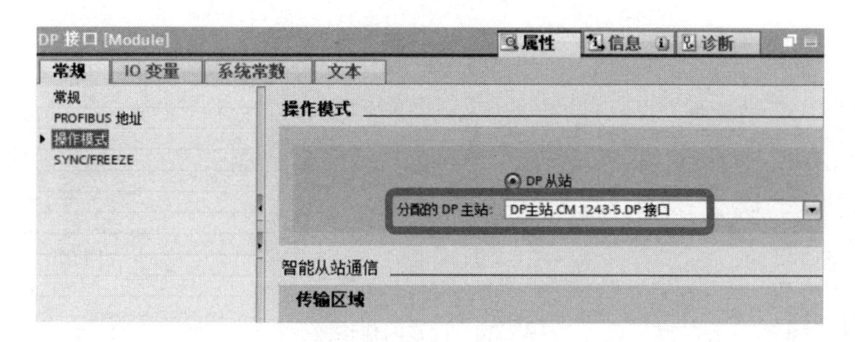

图 2-24　选择“DP 主站.CM1243-5.DP 接口”选项

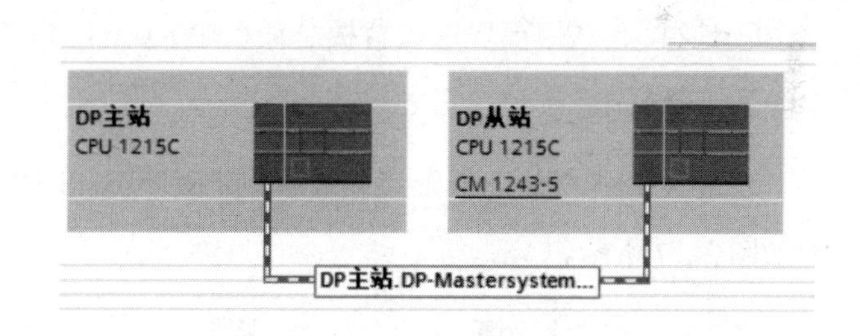

图 2-25　选中“设备和网络”选项

图 2-26　PROFIBUS 网络连接图

5. PROFIBUS 网络数据通信区域的建立

建立两个 PLC 之间 PROFIBUS 网络数据通信区域的操作：如图 2-27 所示，在“传输区域”选区选择“新增”选项，创建“传输区_1”，其中“长度”的单位为字节，根据项目需要，可以修改“长度”的数值；再次选择“新增”选项，创建“传输区_2”，创建的传输区如图 2-28 所示。

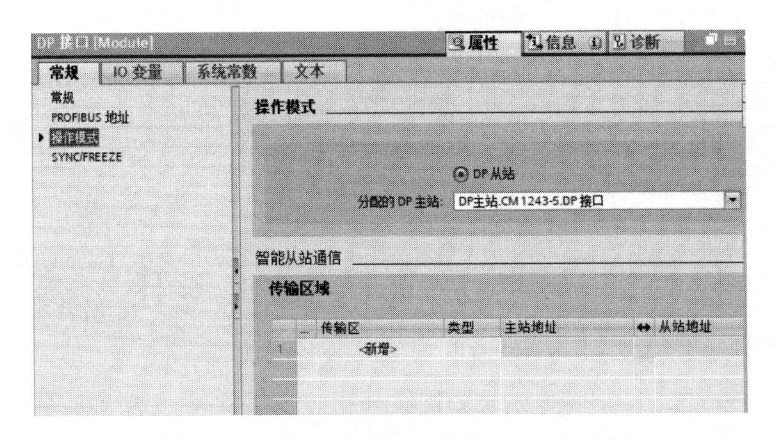

图 2-27 “PLC 传输区域”选区

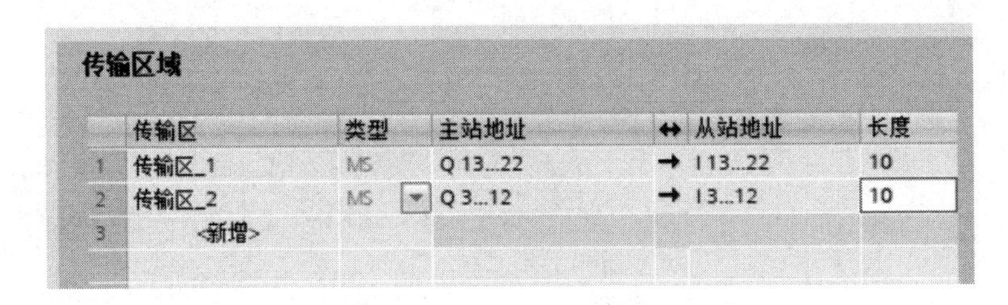

图 2-28 创建的传输区

2.2.4.4 电气连接

CM1242-5 通信模块通过背板总线供电。CM1243-5 通信模块通过模块附带的 24 V DC 电源连接器供电。

通过 RS485 网络总线连接器连接到 PROFIBUS-DP 网络，9 引脚 D 型连接器的引脚分配如图 2-29 所示。

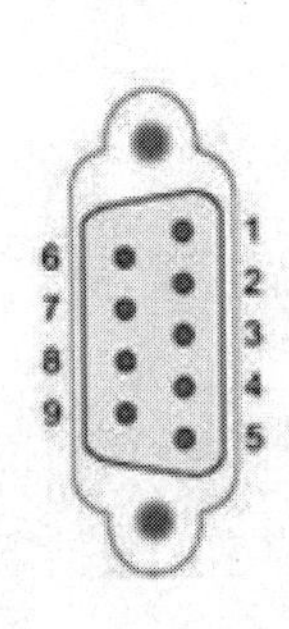

引脚	说明	引脚	说明
1	未使用	6	VP：+5V 电源，仅用于总线终端电阻，不用于为外部设备供电
2	未使用	7	未使用
3	RXD/TXD-P：数据线 B	8	RXD/TXD-N：数据线 A
4	CNTR-P：RTS	9	未使用
5	DGND：数据信号和 VP 的接地	外壳	接地连接器

图 2-29 9 引脚 D 型连接器的引脚分配

任务 2.3　S7-1200 PLC 与 S7-1500 PLC 之间的 PROFIBUS-DP 控制系统构建与运行

2.3.1　控制要求

1200PLC 与 1500PLC 的 PROFIBUS-DP 控制系统组态

采用 PROFIBUS-DP 通信方式实现 S7-1200 PLC 和 S7-1500 PLC 之间的信息交换和控制功能。要求主站能控制从站，从站也能控制主站。

分析：S7-1200 PLC 自身不带 PROFIBUS-DP 接口，通过添加 CM1243-5 DP 主站模块和 CM1242-5 DP 从站模块构建 PROFIBUS-DP 网络。

2.3.2　控制系统硬件配置及结构图

系统为单主站 PROFIBUS-DP 网络系统，系统配置如图 2-30 所示，即一个 S7-1215 PLC 主站、一个 S7-1511 PLC 从站。主站与从站之间通过 PROFIBUS 连接，构成单主站形式的 PROFIBUS-DP 网络系统，系统要求的网络传输率为 1.5Mbps。

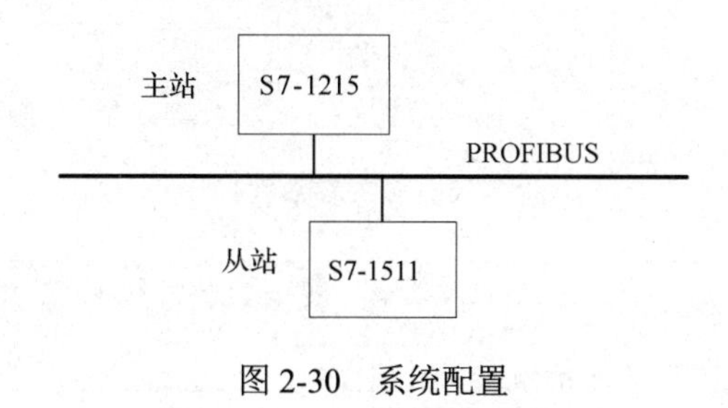

图 2-30　系统配置

2.3.3　硬件组态

2.3.3.1　新建项目

进入博途软件界面，创建项目，添加新设备，插入 S7-1215 PLC 和 S7-1511 PLC，分别命名为“PLC_1 主站”“PLC_2 从站”，创建项目如图 2-31 所示。

2.3.3.2　主站组态

打开主站的硬件组态界面，选择“设备组态”选项，添加“CM1243-5”（PROFIBUS-

DP 主站）通信模块，打开通信模块的“属性”界面，在“PROFIBUS 地址”选区中设置子网、地址、传输率等参数，如图 2-32 所示。在“操作模式”选区中，选中“主站”单选按钮，如图 2-33 所示。

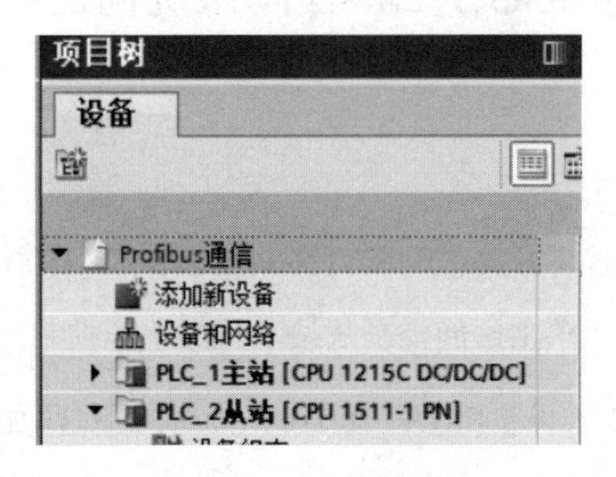

图 2-31　创建项目

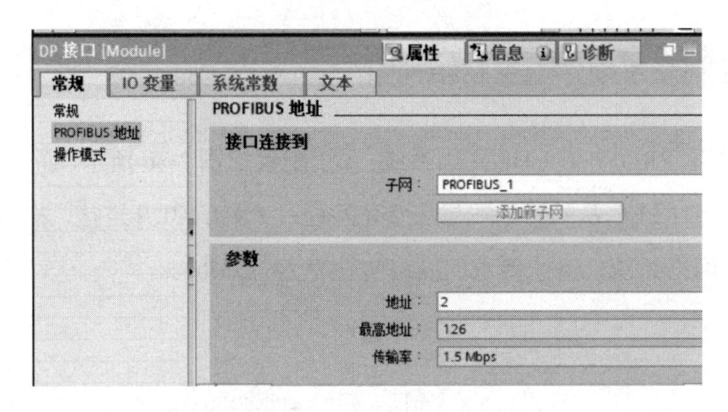

图 2-32　设置参数（1）

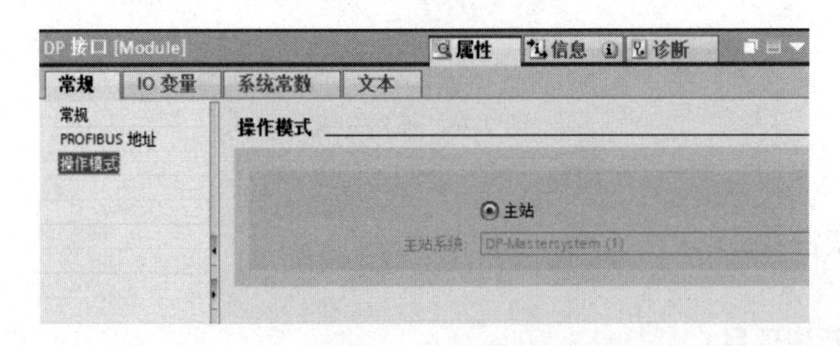

图 2-33　选择主站

2.3.3.3　从站组态

打开从站的硬件组态界面，选择“设备组态”选项，添加“CM1542-5”（PROFIBUS-DP 从站）通信模块，打开通信模块的“属性”界面，在“PROFIBUS 地址”选区中设置子网、地址、传输率等参数，如图 2-34 所示。在“操作模式”选区，选中“DP 从站”单选按钮，选择“分配的 DP 主站”，如图 2-35 所示。

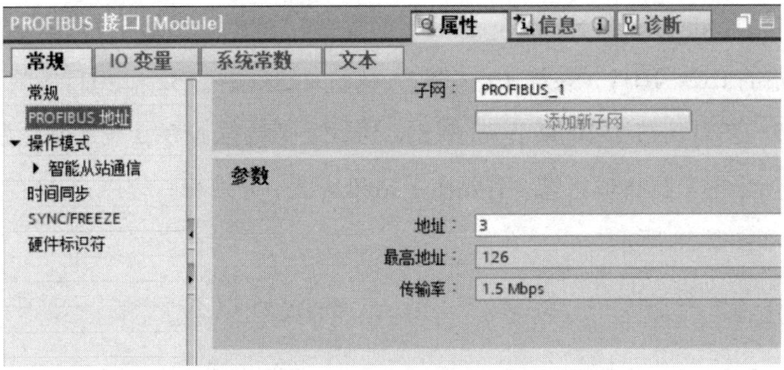

图 2-34　设置参数（2）

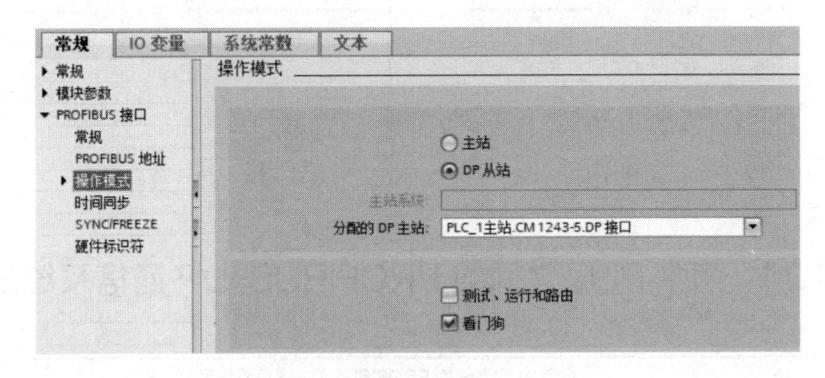

图 2-35　选择“分配的 DP 主站”

2.3.3.4　PROFIBUS 网络数据通信区域的建立

在“智能从站通信”选区中，创建两个 PLC 之间的 PROFIBUS 网络数据通信区域，创建的传输区如图 2-36 所示。选择“新增”选项，创建“传输区-1”，其中“长度”的单位为字节，根据数据通信的需要，可以修改“长度”的数值；再次选择“新增”选项，创建“传输区-2”。

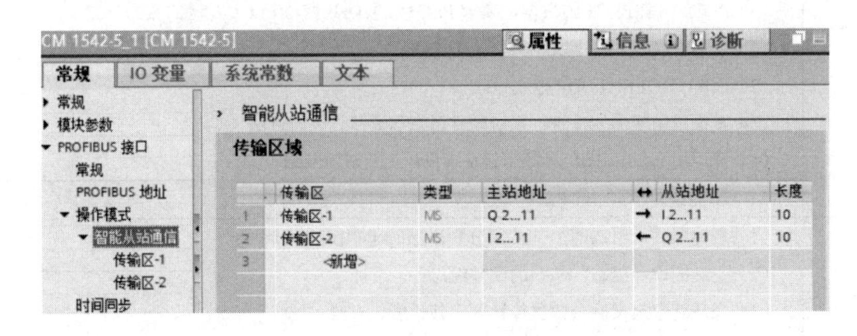

图 2-36　创建的传输区

2.3.3.5 PROFIBUS 网络数据通信的软件编程

在图 2-36 所示的数据传输区域，要通信的数据：主站发送数据 QB2～QB11（共计 10 字节）到从站的 IB2～IB11（共计 10 字节）；从站发送数据 QB2～QB11（共计 10 字节）到主站的 IB2～IB11（共计 10 字节）。例如，主站要把数据 MB10 发送到从站的 MB16，根据图 2-36 所示的数据传输区域，需要在主站和从站中分别编写程序，主站程序和从站程序如图 2-37 和图 2-38 所示。

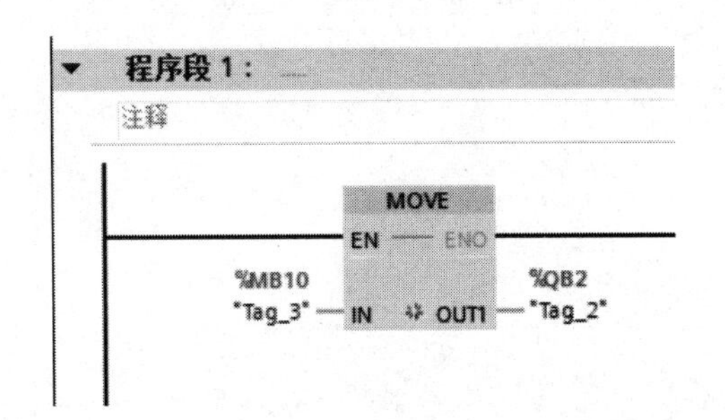

图 2-37　主站程序

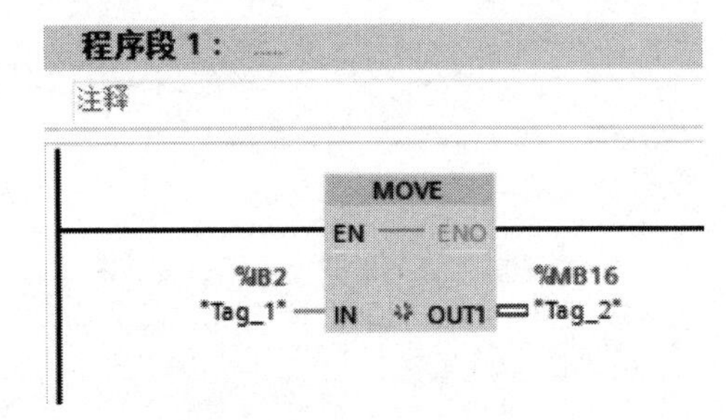

图 2-38　从站程序

实训 2.1　两个 PLC 之间的 PROFIBUS-DP 通信系统设计

工作任务	两个 PLC 之间的 PROFIBUS-DP 通信系统设计	备注
注意事项	安全注意事项： （1）严格遵守实训设备、专用工具的安全操作规程，严防人身、设备事故的发生，请勿触摸交流供电设备及交流接线端子 （2）不能带电操作，在通电情况下，不能进行接线、不能触摸交流供电设备 （3）实训结束后，必须收拾整理好工具、仪表、工件、导线等实训设备，保持实训台、地面和周边环境的干净整齐	
任务描述	（1）由两个 PLC 组成一个 PROFIBUS 网络控制系统，S7-1215 PLC1 作为 PROFIBUS 通信主站，S7-1511 PLC2 作为 PROFIBUS 通信从站 （2）PLC1 读取 PLC2 的数据，要求 PLC1 读取的数据与 PLC2 发送的数据一致 （3）PLC2 读取 PLC1 的数据，要求 PLC2 读取的数据与 PLC1 发送的数据一致	
实训目标	（1）了解 PROFIBUS 网络控制系统的结构 （2）理解 PROFIBUS-DP 控制系统 （3）掌握使用博途软件进行系统硬件组态与通信设置的方法 （4）能应用 PROFIBUS 网络控制系统设计工业通信网络	
通信设备	S7-1215 PLC、S7-1511 PLC	
任务实施	（1）新建项目，组态两个 PLC，分别添加 PROFIBUS 模块 （2）主站的硬件组态，从站的硬件组态 （3）在从站中定义两个数据传输区及其长度、方向 （4）编写主、从站程序，实现主、从站之间的数据通信功能	

续表

工作任务	两个 PLC 之间的 PROFIBUS-DP 通信系统设计	备注
考核要素	（1）PROFIBUS 网络结构图 （2）通信数据传输区域地址、长度等定义 （3）主站通信程序 （4）从站通信程序 （5）主站与从站之间通信功能的实现	
实训总结	（1）通过本实训你学到的知识点、技能点有哪些 （2）不理解哪些内容 （3）你认为在哪些方面还有进一步深化的必要	
老师评价		

实训 2.2　多站设备的 PROFIBUS 网络控制系统构建

工作任务	多站设备的 PROFIBUS 控制系统构建	备注
注意事项	安全注意事项： （1）严格遵守实训设备、专用工具的安全操作规程，严防人身、设备事故的发生，请勿触摸交流供电设备及交流接线端子 （2）不能带电操作，在通电情况下，不能进行接线、不能触摸交流供电设备 （3）实训结束后，必须收拾整理好工具、仪表、工件、导线等实训设备，保持实训台、地面和周边环境的干净整齐	
任务描述	（1）由两个 PLC 和变频器组成一个 PROFIBUS 网络控制系统，S7-1511 PLC1 作为 PROFIBUS 通信主站，S7-1215 PLC2 作为 PROFIBUS 通信第 1 从站，G120 变频器作为 PROFIBUS 通信第 2 从站 （2）PLC1 读取 PLC2 的数据，要求 PLC1 读取的数据与 PLC2 发送的数据一致 （3）PLC2 读取 PLC1 的数据，要求 PLC2 读取的数据与 PLC1 发送的数据一致 （4）PLC1 控制变频器的工作	
实训目标	（1）了解 PROFIBUS 网络控制系统的结构 （2）理解 PROFIBUS 网络控制多个从站的方法 （3）掌握使用博途软件进行多个从站硬件组态与通信设置的方法 （4）能应用 PROFIBUS 技术设计多个设备组成工业通信网络	
通信设备	S7-1215 PLC、S7-1511 PLC、G120 变频器	
任务实施	（1）新建项目，组态两个 PLC，PLC1 主站选 S7-1511 PLC、PLC2 第 1 从站选 S7-1215 PLC，分别添加 PROFIBUS 模块，设置通信地址。第 2 从站选 G120 变频器，组态 G120 变频器通信报文，设置 PROFIBUS 通信地址 （2）从站 PLC2 的硬件组态，在从站中定义两个数据传输区及其长度、方向 （3）编写程序，实现主、从站之间的数据通信功能	

续表

工作任务	多站设备的 PROFIBUS 控制系统构建	备注
考核要素	（1）PROFIBUS 网络结构图 （2）通信传输区域地址、长度等定义 （3）主站通信程序 （4）从站通信程序 （5）主站与从站之间通信功能的实现	
实训总结	（1）通过本实训你学到的知识点、技能点有哪些 （2）不理解哪些内容 （3）你认为在哪些方面还有进一步深化的必要	
老师评价		

思考与练习

1．简述 PROFIBUS 的定义及分类。

2．PROFIBUS-DP、PROFIBUS-FMS、PROFIBUS-PA 有哪些区别？有哪些共同点？

3．现场设备如何分类？

4．在 PROFIBUS 网络中，1 类主站起什么作用？哪些设备可以作为 1 类主站？

5．在 PROFIBUS 网络中，2 类主站起什么作用？哪些设备可以作为 2 类主站？

6．在 PROFIBUS 网络中，从站设备起什么作用？哪些设备可以作为从站？

7．PROFIBUS 网络硬件组态有什么作用？包括哪些内容？

8．如何实现 S7-1200 PLC 与 S7-1500 PLC 之间的 PROFIBUS-DP 通信连接？

9．查阅资料，写出两个在实际生产中应用 PROFIBUS 实现控制的系统。

项目3　Modbus网络控制系统构建与运行

学习目标

1. 知识目标

- 了解Modbus的应用领域。
- 了解Modbus的通信方式、分类及特点。
- 熟悉Modbus RTU协议的结构及常用功能码的含义。
- 熟悉设备之间Modbus RTU协议通信系统的构建方法。

2. 能力目标

- 掌握Modbus通信参数的设置方法及网络组态方法。
- 具有对Modbus网络进行主、从站软件编程的能力。
- 具有构建与运行Modbus控制系统的能力。

3. 素质目标

- 具有为祖国建设事业刻苦学习的责任感和自觉性。
- 具备较强的自学、听课、概括总结等学习能力。
- 具备通过网络、期刊、专业书籍、技术手册、产品说明书等媒介获取信息的能力。
- 具有独立分析问题和解决问题的能力。
- 具有一定的创新意识。
- 遵守劳动纪律，具有环境意识、安全意识。

项目引入

Modbus协议是一种通用串行通信协议，是国际上第一个真正用于工业控制的现场总线协议。通过此协议，控制器相互之间、控制器经由网络（如以太网）和其他设备之间可以进行通信。由于其功能完善且使用简单，数据易于处理，因而在各种智能设备中被广泛采用。许多工业设备包括 PLC、智能仪表等都在使用 Modbus 协议作为它们之间的通信标准。

任务 3.1 Modbus 认知

3.1.1 Modbus 认知概述

Modbus 协议是 Modicon 公司（现在的 Schneider 公司）于 1979 年开发的一种通用串行通信协议，在电气巨头 Schneider 公司的推动下，加上相对低廉的实现成本，Modbus 在低压配电市场上所占的份额大大超过了其他现场总线，成为在低压配电中应用最广泛的现场总线。Modbus 尤其适用于小型控制系统或单机控制系统，可以实现低成本、高性能的主-从式计算机网络监控。2008 年 3 月，Modbus 正式成为工业通信领域现场总线技术我国国家标准 GB/T 19582—2008。

3.1.1.1 Modbus 工作方式

Modbus 工作方式

Modbus 的数据通信采用主-从方式，即由主设备主动查询和操作从设备，一般将主设备方所使用的协议称为 Modbus Master，从设备方使用的协议称为 Modbus Slave。网络中只有一个主设备，每次通信都是主设备先发送指令，从设备正确接收消息后响应主设备的查询或根据主设备的消息做出相应的动作。如果出现任何差错，从设备将返回一个异常功能码。主设备可以是 PC、PLC 或其他工业控制设备，可以单独与从设备通信，也可以通过广播方式与所有从设备通信。当单独通信时，从设备需要返回一个消息作为回应，从设备的回应消息也由 Modbus 信息帧构成；当主设备以广播方式与从设备通信时，从设备不做任何回应。主、从设备查询-回应周期如图 3-1 所示。当主设备不发送请求时，从设备不会自己发出数据，从设备和从设备之间不能直接通信。

在图 3-1 中，查询消息中的功能码表示被选中的从设备要执行何种功能，例如指定的从设备地址为 1，功能码为 03，则含义是要求读取 1# 从设备的多个寄存器值并返回它们的内容；数据区包括了从设备要执行功能的任何附加消息，例如从哪个寄存器地址开始读数据、要读的寄存器数量；错误检测域为从设备提供了一种验证消息内容是否正确的方法。

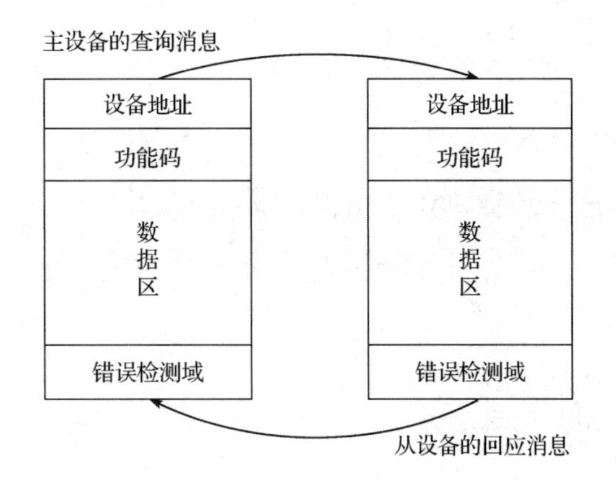

图 3-1　主、从设备查询-回应周期

如果从设备产生正常的回应，则回应消息中的功能码是对查询消息中的功能码的回应。数据区包括了从设备收集的数据、寄存器的数据或状态，如果在消息接收过程中发生错误，或从设备不能执行其命令，从设备将建立一个错误的消息并把它作为回应发送，功能码将被修改，以指出回应消息是错误的，同时数据区包含了描述此错误信息的代码。错误检测域允许主设备确认消息内容是否可用。

3.1.1.2　Modbus 通信方式

Modbus 通信方式

Modbus 通信协议最初仅支持串口，分为 Modbus RTU（远程终端单元）和 Modbus ASCII（美国标准信息交换代码）两种信号传输模式，而随着时代进步，Modbus 也与时俱进，新增了 Modbus TCP 版本，可以通过以太网进行通信，此外，Modbus 还有一个 Modicon 专用的 Modbus Plus（Modbus +）版本。Modbus 采用半双工的通信方式，由 1 个主站和多个从站组成，允许多个设备连接在同一个网络上进行通信。Modbus 有下列三种通信方式。

（1）异步串行传输，通信模式是 Modbus RTU 模式或 Modbus ASCII 模式。这两种模式只是信息编码不同而已。Modbus RTU 模式采用二进制表示数据的方式，而 Modbus ASCII 模式使用的字符是 Modbus RTU 模式的两倍，即在相同传输率下，Modbus RTU 模式比 Modbus ASCII 模式的传输效率要提高一倍；但 Modbus RTU 模式对系统的时间要求较高，而 Modbus ASCII 模式允许两个字符发送的时间间隔达到 1s 而不产生错误。异步串行传输支持有线 RS232、RS485、RS422、光纤、无线等串口连接。

（2）以太网传输，通信模式是 Modbus TCP/IP，支持以太网连接。

（3）高速令牌传输，通信模式是 Modbus Plus。

在一个 Modbus 通信系统中只能选择一种模式，不允许两种模式混合使用，通信系统选用哪种模式可由主设备来选择。Modbus RTU 是一种较为理想的通信协议，也是得到最为广泛应用的工业化协议。常见的传输率为 9600bps 和 19200bps。以下主要介绍 Modbus RTU 的基本概念和应用。

3.1.1.3 Modbus 报文格式

Modbus 协议是应用层（协议层）报文传输协议，它定义了一个与物理层无关的协议数据单元（PDU），即 PDU=功能码+数据区，功能码为 1 字节，数据区不确定。Modbus 协议的报文（或帧）的基本格式：

表头 + 功能码 + 数据区 + 校验码

功能码和数据区在不同类型的网络中都是固定不变的，表头和校验码则因网络底层的实现方式不同而有所区别。表头包含了从站的地址，功能码告诉从站要执行何种功能，数据区是具体的信息。

对于不同类型的网络，Modbus 的协议层实现是一样的，区别在于下层的实现方式，常见的有 TCP/IP 和串行通信两种，Modbus TCP 基于以太网和 TCP/IP 协议，主站通常称为 Client，从站称为 Server；Modbus RTU 和 Modbus ASCII 则使用异步串行传输（通常是 RS232/422/485），主站是 Master，从站是 Slave。主站可以设置为两种模式（ASCII 或 RTU）中的任何一种为 Modbus 网络通信，包括串口通信参数（波特率、校验方式等），在一个 Modbus 网络中的所有设备都必须选择相同的通信模式和串口参数。

一个 Modbus 信息帧包括设备地址、功能码、数据区和错误检测域。Modbus 只定义了通信消息的结构，对端口没有做具体规定，支持 RS232、RS422、RS485 和以太网设备，可以作为各种智能设备、仪表之间的通信标准，方便地将不同制造商生产的控制设备连接成工业网络，进行集中监控。

当在 Modbus 网络上通信时，此协议决定了每个控制器需要知道它们的设备地址，识别按地址发来的消息，决定要产生何种行动。如果需要回应，控制器将生成反馈信息并用 Modbus 协议发出。在其他网络中，包含了 Modbus 协议的消息转换为在此网络上使用的帧或包结构。这种转换也扩展了根据具体的网络解决地址、路由路径及错误检测的方法。

3.1.2　Modbus RTU 通信

3.1.2.1　Modbus RTU 信息帧报文格式

当控制器在 Modbus 网络中以 RTU（远程终端单元）模式通信时，在消息中的每 8 字含两个 4 位的十六进制字符。这种方式的主要优点：在同样的波特率下，比 Modbus ASCII 模式传送更多的数据。代码系统：

8 位二进制，十六进制数 0～9、A～F。

Modbus RTU 通信

消息中的每个 8 位域都由两个十六进制字符组成。

每字节的位：1 个起始位、8 个数据位（最小的有效位先发送）、1 个奇偶校验位（无校验则无）、1 个停止位（有校验时）。

错误检测域：CRC（循环冗余校验）。

为了与从设备进行通信，主设备会发送一段包含设备地址、功能码、数据区和错误检测域的信息。Modbus RTU 模式下的信息帧传输报文格式如表 3-1 所示。

表 3-1　Modbus RTU 模式下的信息帧传输报文格式

起始位	设备地址	功能码	数据区	错误检测域	结束
T1-T2-T3-T4	1 字节	1 字节	*N* 字节	2 字节	T1-T2-T3-T4

使用 Modbus RTU 模式发送消息，至少要有 3.5 个字符的时间停顿间隔作为报文的开始，这种字符时间间隔在网络波特率多样的情况下是很容易实现的。

（1）设备地址。信息帧的第一字节是设备地址码，该字节表明由用户设置地址的从站将接收由主站发送来的信息。每个从站都必须有唯一的地址码，并且只有符合地址码的从站才能响应回送；当从站回送信息时，相应的地址码表明该信息来自于何处。设备地址是一个 0～247 的数字，发送给地址 0 的信息可以被所有从站接收到；但是数字 1～247 是特定设备的地址，相应地址的从设备总是会对 Modbus 信息做出反应，这样主设备就知道这条信息已经被从设备接收到了。

（2）功能码。功能码是通信传送的第二字节，它定义了从设备应该执行的命令，例如读取数据、接收数据、报告状态等（见表 3-2）。有些功能码还拥有子功能码。主站请求发送，通过功能码告诉从站执行什么动作；作为从站响应，从站发送的功能码与从主站得到的功能码一样，并表明从站已响应主站进行操作。功能码的范围是 1～255。有些代码适用于所有控制器，有些代码只能应用于某种控制器，还有些代码保留以备后用。

表 3-2 Modbus 功能码及数据区

功能码	作用	位/字操作	Modbus 数据地址	S7-1200 PLC 数据地址区
01	读开关量输出状态	位操作	00001～09999	Q0.0～Q1023.7
02	读开关量输入状态	位操作	10001～19999	I0.0～I1023.7
03	读取保持寄存器	字操作	40001～49999	DB 数据块、M 位存储器
04	读取输入寄存器	字操作	30001～39999	IW0～IW1022
05	写 1 个开关量输出位	位操作	00001～09999	Q0.0～Q1023.7
06	写 1 个保持寄存器	字操作	40001～49999	DB 数据块、M 位存储器
15	写多个开关量输出位	位操作	00001～09999	Q0.0～Q1023.7
16	写多个保持寄存器	字操作	40001～49999	DB 数据块、M 位存储器

（3）数据区。对于不同的功能码，数据区的内容会有所不同。数据区包含需要从站执行的动作的信息或由从站采集的返送信息，这些信息可以是数值、参考地址等。对于不同的从站，地址和数据信息都不相同。例如，功能码告诉从站读取寄存器的值，则数据区必须包含要读取寄存器的起始地址及读取长度。

（4）错误检测域。循环冗余校验（CRC）码是包含 2 字节的错误检测码，由传输设备计算后加入到消息中，接收设备重新计算接收到消息的 CRC 码，并与接收到的 CRC 码中的值进行比较，如果两值不同，就表明有错误。在有些系统中，还需对数据进行奇偶校验，奇偶校验对每个字符都可用，而帧检测 CRC 码应用于整个消息。

典型的 RTU 报文帧没有起始位，也没有停止位，而是以至少 3.5 个字符的时间停顿间隔标志一帧的开始或结束（如表 3-1 中的 T1-T2-T3-T4 所示）。报文帧由地址域、功能域、数据区和 CRC 域构成。所有字符位由十六进制 0～9、A～F 组成。

需要注意的是，在 RTU 模式中，整个消息帧必须作为一个连续的数据流进行传输。如果在消息帧完成之前有超过 1.5 个字符时间的停顿间隔发生，接收设备就将刷新未完成的报文，并假定下一字节将是一个新消息的地址域；同样地，如果一个新消息在小于 3.5 个字符时间内紧跟前一个消息开始，接收设备就将认为它是前一个消息的延续。如果在传输过程中有以上两种情况发生，那么就会导致 CRC 产生一个错误消息，并反馈给发送方设备。

网络设备不断检测网络总线，即使在停顿间隔时间内也不例外。当第一个域（地址域）接收到时，每个设备都进行解码，以判断是否是发给自己的；在最后一个传输字符之后，一个至少 3.5 个字符时间的停顿标定了消息的结束；一个新的消息可在此停顿后开始。

3.1.2.2　Modbus RTU 功能码简介

1. 功能码 01H

功能码 01H 用于读开关量输出状态，位操作，可读单个或者多个。例如，主站要读取地址为 01 的从站 DO1、DO2 两路开关量的输出状态，则主站向从站发送的报文数据为 01 01 00 00 00 02 BD CB，主站命令信息（1）如表 3-3 所示，从站返回的报文数据为 01 01 01 02 49 D0，从站命令信息（1）如表 3-4 所示。

表 3-3　主站命令信息（1）

从站发送	字节数	发送的信息	备注
从站地址	1	01	发送至地址为 01 的从站
功能码	1	01	读开关量输出状态
起始 bit 位	2	0000	起始 bit 位地址为 0000
读数据长度	2	0002	读取两路输出状态位
CRC 码	2	BDCB	主站计算得到 CRC 码

表 3-4　从站命令信息（1）

从站响应	字节数	返回的信息	备注
从站地址	1	01	来自从站 01
功能码	1	01	读开关量输出状态
数据长度	1	01	1 字节（8 位）
输出状态数据	1	02	输出寄存器内容 bit0 对应 DO1，DO1 输出状态为“0”，DO2 输出状态为“1”
CRC 码	2	49D0	从站计算得到 CRC 码

2. 功能码 02H

功能码 02H 用于读开关量输入状态，位操作，可读单个或者多个。例如，主站要读取地址为 01 的从站 DI1～DI4 四路开关量的输入状态，则主站向从站发送的报文数据为 01 02 00 00 00 05 B8 09，主站命令信息（2）如表 3-5 所示，从站返回的报文数据为 01 02 01 1B E1 83，从站命令信息（2）如表 3-6 所示。

表 3-5 主站命令信息（2）

从站发送	字节数	发送的信息	备注
从站地址	1	01	发送至地址为 01 的从站
功能码	1	02	读开关量输入状态
起始 bit 位	2	0000	起始 bit 位地址为 0000
读数据长度	2	0005	读取五路开关量输入状态位
CRC 码	2	B809	主站计算得到 CRC 码

表 3-6 从站命令信息（2）

从站响应	字节数	返回的信息	备注
从站地址	1	01	来自从站 01
功能码	1	02	读开关量输入状态
数据长度	1	01	1 字节（8 位）
DI 状态数据	1	1B	DI 状态数据的十六进制为 1 字节，对应的二进制为 00011011，bit0 对应 DI1，bit1 对应 DI2，依次类推，得出的结果：DI1/ DI2/ DI4/ DI5 状态为“1”，DI3 状态为“0”
CRC 码	2	E183	从站计算得到 CRC 码

3. 功能码 03H

功能码 03H 用于读取保持寄存器。例如，主站要读取从站地址为 01、起始地址为 017A 的 3 个寄存器数据，则主站向从站发送的报文数据为 01 03 01 23 00 03 F5 FD，主站命令信息（3）如表 3-7 所示，从站返回的报文数据为 01 03 06 45 67 45 68 45 69 7C 46，从站命令信息（3）如表 3-8 所示。

表 3-7 主站命令信息（3）

从站发送	字节数	发送的信息	备注
从站地址	1	01	发送至地址为 01 的从站
功能码	1	03	读取保持寄存器
起始地址	2	0123	起始地址为 0123
读数据长度	2	0003	读取 3 个寄存器（共 6 字节）
CRC 码	2	F5FD	主站计算得到 CRC 码

表 3-8 从站命令信息（3）

从站响应	字节数	返回的信息	备注
从站地址	1	01	来自从站 01
功能码	1	03	读取保持寄存器
返回字节数	1	06	1 字节（8 位）

续表

从站响应	字节数	返回的信息	备注
寄存器数据 1	2	4567	地址为 0123 的数据
寄存器数据 2	2	4568	地址为 0124 的数据
寄存器数据 3	2	4569	地址为 0125 的数据
CRC 码	2	7C46	从站计算得到 CRC 码

4. 功能码 05H

功能码 05H 用于写 1 个开关量输出位。例如，从站地址为 01 的开关量输出 DO1 的当前状态为“0”，主站要控制该路的继电器为“1”状态，则主站向从站发送的报文数据为 01 05 00 00 FF 00 8C 3A，主站命令信息（4）如表 3-9 所示。从站返回的报文格式与主站发送的报文格式及数据内容相同。

表 3-9　主站命令信息（4）

从站发送	字节数	发送的信息	备注
从站地址	1	01	发送至地址为 01 的从站
功能码	1	05	写 1 个开关量输出位
输出 bit 位	2	0000	对应输出继电器 BIT0 位是 DO1
控制命令	2	FF00	值 FF00，控制该路的继电器输出为“1”状态；值 0000，控制该路的继电器输出为“0”状态，所有其他值都是非法的，不会影响线圈
CRC 码	2	8C3A	主站计算得到 CRC 码

5. 功能码 06H

功能码 06H 用于写 1 个保持寄存器。例如，主站要把数据 1234 保存到地址为 000C 的从站寄存器中（从站地址码为 01），则主站向从站发送的报文数据为 01 06 00 0C 12 34 44 BE，主站命令信息（5）如表 3-10 所示。从站返回的报文格式与主站发送的报文格式及数据内容相同。

表 3-10　主站命令信息（5）

从站发送	字节数	发送的信息	备注
从站地址	1	01	发送至地址为 01 的从站
功能码	1	06	写 1 个保持寄存器
起始地址	2	000C	要写入的寄存器地址
写入数据	2	1234	对应的新数据
CRC 码	2	44BE	主站计算得到 CRC 码

6. *功能码 10H（功能码 16）*

功能码 10H 用于写多个保持寄存器，主站利用此功能码可以把多个数据保存到从站的数据存储器中。Modbus 通信协议中的寄存器指的是 16 位（即 2 字节），并且高位在前。由于 Modbus 通信协议允许每次最多保存 60 个寄存器，因此，从站一次也最多允许保存 60 个数据寄存器。例如，主站要把数据 04B0、1388 保存到从站（地址码为 01）地址为 002C、002D 的两个寄存器中，则主站向从站发送的报文数据为 01 10 00 2C 00 02 04 04 B0 13 88 FC 63，主站命令信息（6）如表 3-11 所示，从站返回的报文数据为 01 10 00 2C 00 02 80 01，从站命令信息（4）如表 3-12 所示。

表 3-11　主站命令信息（6）

从站发送	字节数	发送的信息	备注
从站地址	1	01	发送至地址为 01 的从站
功能码	1	10	写多个保持寄存器
起始地址	2	002C	要写入的寄存器的起始地址
保存数据字长度	2	0002	保存数据的字长度（共 2 字节）
保存数据字节长度	1	04	保存数据的字节长度（共 4 字节）
保存数据 1	2	04B0	数据地址 002C
保存数据 2	2	1388	数据地址 002D
CRC 码	2	FC63	主站计算得到 CRC 码

表 3-12　从站命令信息（4）

从站响应	字节数	返回的信息	备注
从站地址	1	01	来自从站 01
功能码	1	10	写多个保持寄存器
起始地址	2	002C	起始地址为 002C
寄存器总数	2	0002	保存 2 字节长度的数据
CRC 码	2	8001	从站计算得到 CRC 码

3.1.2.3　错误检测码

Modbus 通信协议对于消息帧数据的校验采用 CRC 方式，主站或从站用 CRC 码判别接收信息是否正确。由于电子噪声或其他的干扰，信息在传输过程中有时会发生错误，CRC 码可以检验主站或从站在通信数据传送过程中的信息是否有误，错误的信息可以舍弃（无论是发送还是接收），这样就增加了系统的安全性和提高了效率。

Modbus 通信协议的 CRC 码包含 2 字节，即 16 位二进制。CRC 码由发送设备计算，放置于发送信息的尾部。接收信息的设备再重新计算接收到的信息的 CRC 码，比较计算得到的 CRC 码是否与接收到的相符，如果两者不相符，则表明出错。

CRC 码的计算方法是，先预置 16 位寄存器全为 1。再逐步对每 8 位数据信息进行处理。在进行 CRC 码计算时只用 8 位数据位，起始位、停止位、奇偶校验位（若有）都不参与 CRC 码计算。

在计算 CRC 码时，8 位数据与寄存器的数据相异或，得到的结果向低位移 1 字节，用 0 填补最高位。再检查最低位，如果最低位为 1，把寄存器的内容与预置数（A001）相异或；如果最低位为 0，不进行异或运算。

这个过程一直重复 8 次。第 8 次移位后，下一个 8 位再与现在寄存器的内容相异或，这个过程与上述一样重复 8 次。当所有的数据信息处理完后，寄存器的内容即 CRC 码值。CRC 码中的数据发送、接收时低字节在前。计算 CRC 码的步骤如下所述。

（1）预置 16 位寄存器为十六进制 FFFF（即全为 1），称此寄存器为 CRC 寄存器。

（2）把第一个 8 位数据与 16 位 CRC 寄存器的低位相异或，把结果放于 CRC 寄存器内。

（3）把寄存器的内容右移 1 位（朝低位），用 0 填补最高位，检查最低位。

（4）如果最低位为 0：重复步骤（3）（再次移位）；如果最低位为 1，CRC 寄存器与多项式 A001（1010 0000 0000 0001）进行异或。

（5）重复步骤（3）和步骤（4），直到右移 8 次，这样整个 8 位数据全部进行了处理。

（6）重复步骤（2）～（5），进行下一个 8 位数据的处理。

（7）最后得到的 CRC 寄存器值即 CRC 码。

任务 3.2　PLC 与 RS485 仪表的 Modbus 控制系统构建与运行

Modbus 协议其本意在于实现上位机（主设备）对 PLC（从设备）内部存储区域的“直接”读/写操作，无须用户对 PLC 进行通信编程。随着工业自动化技术的不断发展，Modbus 协议现已不仅仅局限于应用在 PLC 与上位机之间的通信中，许多智能仪表制造商也纷纷采用该协议作为自己产品的通信协议。与此同时，PLC 也由以前单纯的 I/O 控制发展为集控制、数据采集、通信为一身，在越来越多的自动化工程中，PLC 需要取代上位机，作为“主设备”来完成与智能仪表或其他支持该协议的 PLC 的通信。

S7-1200 PLC 在当前的市场中有着广泛的应用，由于其性价比高，所以常常被用作小型自动化控制设备的控制器，这也使得它经常与 Modbus 仪表等设备进行通信。本任务是完成 S7-1200 PLC 与 RS485 仪表的 Modbus 通信，该 RS485 仪表支持 Modbus RTU 通信协议，电气接口是 RS485 串口。

Modbus 协议的温度控制器应用

3.2.1 控制要求

采用 Modbus RTU 通信方式实现 S7-1200 PLC 与 RS485 仪表之间的 Modbus 数据通信，PLC 实时读取 RS485 仪表的数据，读出的数据应与 RS485 仪表显示的数据一致。

分析：RS485 仪表的电气接口是 RS485 串口，支持 Modbus RTU 通信协议。S7-1200 PLC 本体不带 RS485 电气接口，但通过添加 CM1241（RS422/485）通信模块即可具有 RS485 通信接口，可以和 RS485 仪表之间构建 Modbus 通信网络。

3.2.2 系统硬件设计

系统为 Modbus RTU 网络系统，PLC 选择 S7-1215，并配置 CM1241 通信模块，与 RS485 仪表之间通过 RS485 串口连接，Modbus RTU 网络系统硬件连接如图 3-2 所示。

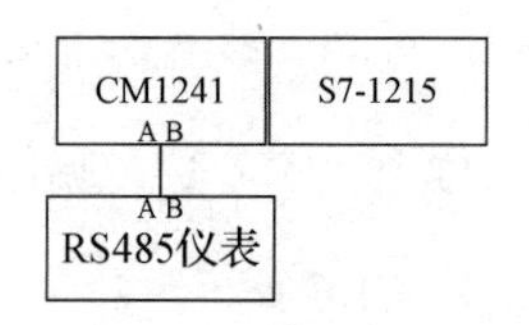

图 3-2　Modbus RTU 网络系统硬件连接

3.2.2.1 PLC 主站硬件组态

PLC 与温度控制器的 Modbus 通信组态

在博途软件中创建新项目，打开设备视图，添加 S7-1215 PLC，并在“硬件目录”选区中依次选择“通信模块”“点到点”“CM1241(RS422/485)”选项，拖拽“6ES7 241-1CH32-0XB0”模块至 CPU 左侧，如图 3-3 所示。注意：V2.1 及其以上的固件版本中的“CM1241 (RS422/485)”模块才支持新版本 Modbus RTU 指令。

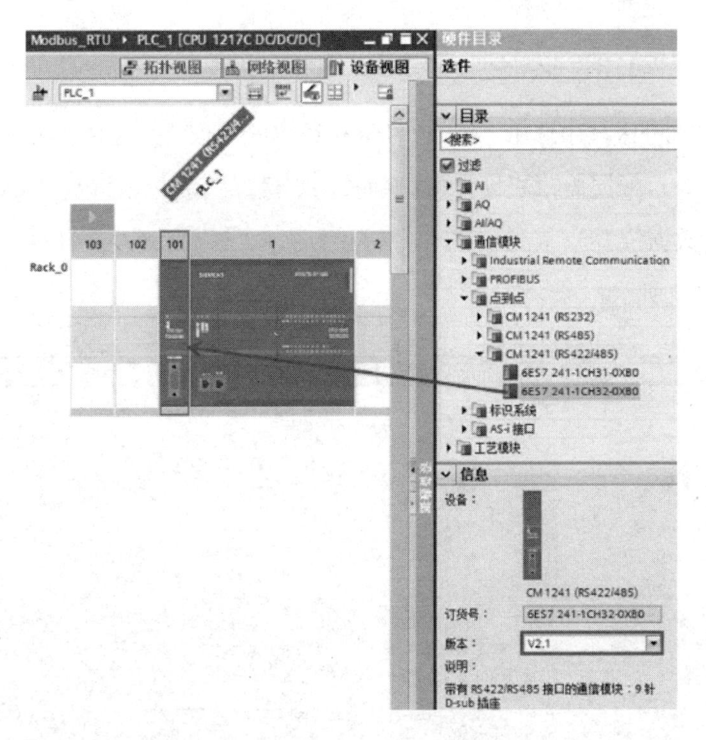

图 3-3　拖拽“6ES7 241-1CH32-0XB0”模块至 CPU 左侧

S7-1200 PLC 提供了系统和时钟存储器功能，为了便于后续指令，建议使能该功能。选择“属性”→“常规”→“系统和时钟存储器”命令，使能系统和时钟存储器功能，如图 3-4 所示。

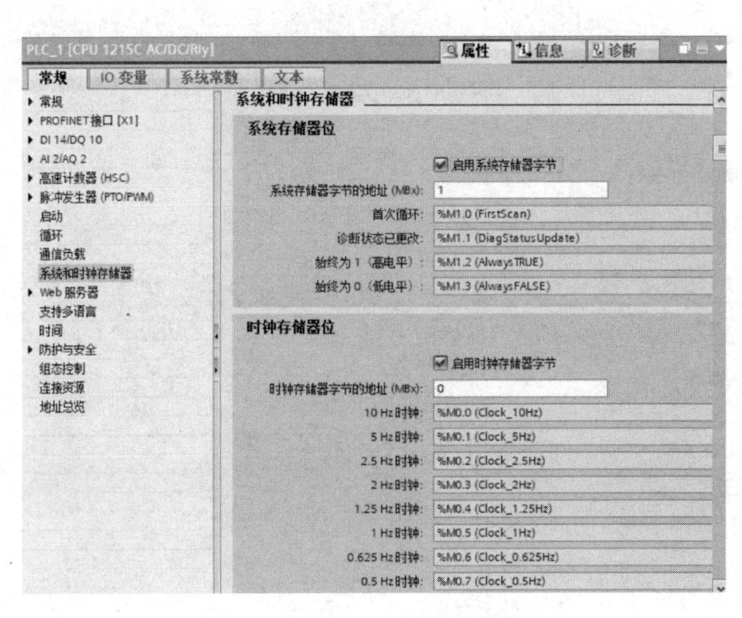

图 3-4　使能系统和时钟存储器功能

3.2.2.2 CM1241(RS422/485)通信组态

在“设备视图”区域中选中“CM1241(RS422/485)”模块，选择“属性”→“常规”→“端口组态”命令，配置此模块硬件接口参数，本例以“波特率”=“9.6kbps”、“奇偶校验”=“无”、“数据位”=“8位/字符”、“停止位”=“1”为例。CM1241(RS422/485)通信参数设置如图3-5所示。

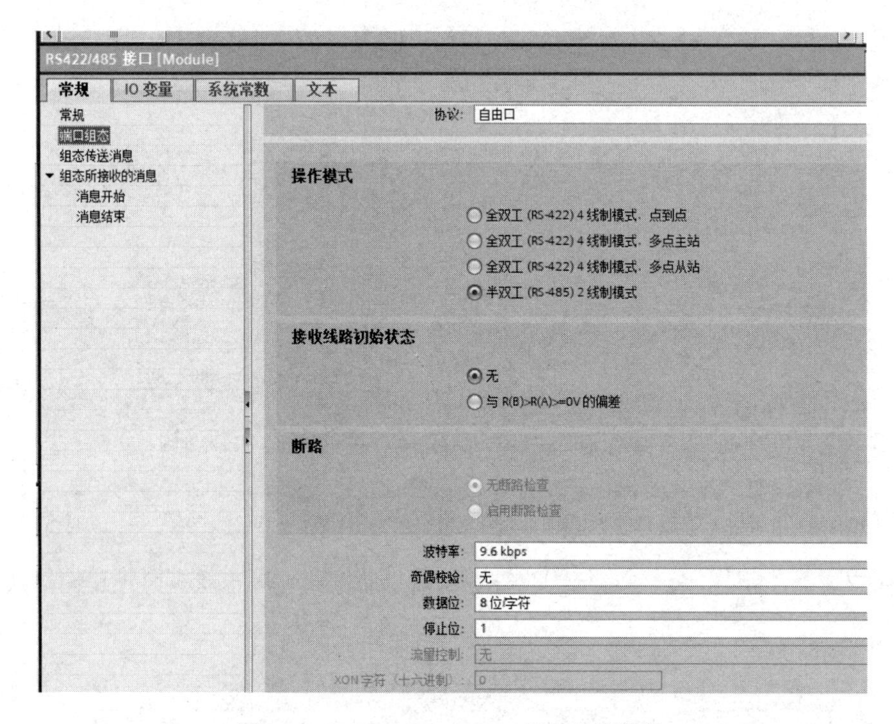

图3-5 CM1241(RS422/485)通信参数设置

最后在“硬件标识符”选区中确认硬件标识符为269（该参数在程序编程中会被使用），如图3-6所示。

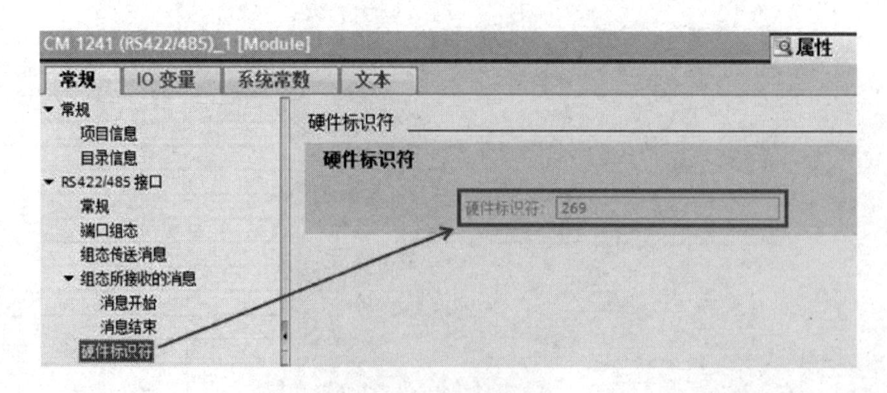

图3-6 硬件标识符

也可以在 PLC“默认变量表”中查找硬件标识符，如图 3-7 所示。

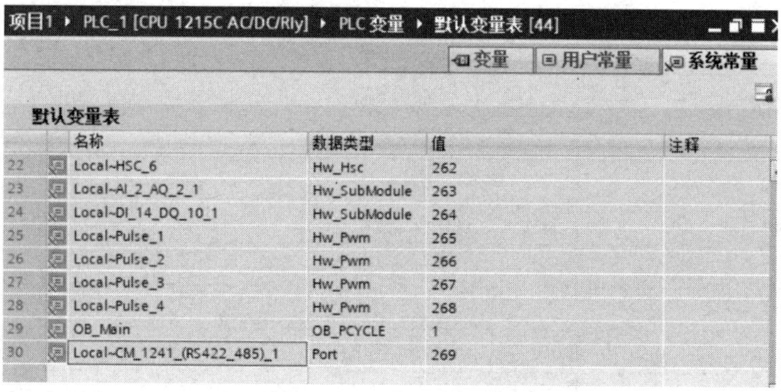

项目1 ▸ PLC_1 [CPU 1215C AC/DC/Rly] ▸ PLC变量 ▸ 默认变量表 [44]

变量　用户常量　系统常量

默认变量表

	名称	数据类型	值	注释
22	Local~HSC_6	Hw_Hsc	262	
23	Local~AI_2_AQ_2_1	Hw_SubModule	263	
24	Local~DI_14_DQ_10_1	Hw_SubModule	264	
25	Local~Pulse_1	Hw_Pwm	265	
26	Local~Pulse_2	Hw_Pwm	266	
27	Local~Pulse_3	Hw_Pwm	267	
28	Local~Pulse_4	Hw_Pwm	268	
29	OB_Main	OB_PCYCLE	1	
30	Local~CM_1241_(RS422_485)_1	Port	269	

图 3-7　在 PLC“默认变量表”中查找硬件标识符

3.2.2.3　从站 RS485 仪表

RS485 仪表支持 RS485 通信功能，能与 PLC 或计算机网络系统进行通信，通信协议采用标准 Modbus RTU 协议。此协议是一种主-从式协议，由主站管理信息交换，任何时刻只有主站能够在线路上发送命令。主站会对从站进行轮询，只有当从站地址与轮询地址相匹配时，从站才能回复消息。从站之间不能进行直接通信。协议帧中不包含任何消息报头及消息结束符，消息的开始和结束依靠间隔时间来识别，当间隔时间长于或等于 3.5 个字符时，即作为检测到帧结束。如果网络内没有与轮询地址相一致的从站或从站接收主站命令时 CRC 出错，主站将不会接收到返回帧，这时主站根据超时设定判断是否超时，如超时，重发或弹出异常错误窗口动作。

1. 通信接口参数设置

通信方式为 RS485 异步串行通信接口。

波特率设置为 2400～9600bps（可由设定控制器的二级参数自由更改，设定仪表二级参数 BAUD，默认为 4800）。

通信地址设置为 1～247（可由设定控制器的二级参数自由更改，设定仪表二级参数 Addr，默认为 1）。

2. RS485 仪表的寄存器地址

只读寄存器地址如表 3-13 所示。一级菜单寄存器地址如表 3-14 所示。二级菜单寄存器地址如表 3-15 所示。

表 3-13　只读寄存器地址

编号	参数名称	地址
1	仪表类型	0
2	测量显示值	1
3	变送输出值	2
4	测量输入状态	3
5	报警状态	4
6	冷端温度	5
7～10		6～9

表 3-14　一级菜单寄存器地址

编号	参数符号	参数名称	地址
11	LOC	参数密码	10
12	AL1	第一报警值	11
13	AL2	第二报警值	12
14	AL3	第三报警值	13
15	AH1	第一报警回差值	14
16	AH2	第二报警回差值	15
17	AH3	第三报警回差值	16
18	SdIS	SV 显示窗测量状态显示内容	17
19～20			18、19

表 3-15　二级菜单寄存器地址

编号	参数符号	参数名称	地址
21	Pn	输入分度号	20
22	dp	小数点	21
23	ALM1	第一报警方式	22
24	ALM2	第二报警方式	23
25	ALM3	第三报警方式	24
26	FK	滤波系数	25
27	Addr	设备地址	26
28	Baud	通信波特率	27
29	Pb	显示输入零点修正	28
30	PK	显示输入的量程比例	29
31	ouL	变送输出量程下限	30
32	ouH	变送输出量程上限	31

续表

编号	参数符号	参数名称	地址
33	PL	测量量程下限	32
34	PH	测量量程上限	33
35	Cut	测量小信号切除	34
36	Out	变送输出类型	35
37	T-Pb	冷端零点修正	36
38	T-PK	冷端增益	37
39	O-Pb	变送输出零点迁移量	38
40	O-PK	变送输出放大比例	39
41	FSEL	电源频率选择	40
42	DIST	采样滤波	41

3.2.3　Modbus RTU 指令

在指令窗格中依次选择“通信”→“通信处理器”命令，如图 3-8 所示，有两个版本的 Modbus RTU 指令，早期版本的 Modbus RTU 指令（图 3-8 所示的 MODBUS，V2.2）仅可通过 CM1241 通信模块或 CB1241 通信板进行 Modbus RTU 通信，新版本的 Modbus RTU 指令［图 3-8 所示的 MODBUS(RTU) V4.0 及以上］扩展了 Modbus RTU 的功能，该指令除了支持 CM1241 通信模块、CB1241 通信板，还支持 PROFINET 或 PROFIBUS 分布式 I/O 机架上的 PtP 通信模块实现 Modbus RTU 通信。

图 3-8　两个版本的 Modbus RTU 指令

新版本 Modbus RTU 指令中包含 3 个指令，Modbus_Comm_Load 的端组态指令、Modbus_Master 主站指令、Modbus_Slave 从站指令。每个指令块被拖曳到程序工作区中都将自动分配背景数据块，背景数据块的名称可以自行修改，背景数据块的编号可以手动或自动分配。

本书以 S7-1215+CM1241 RS422/485 模块为例，介绍新版本 Modbus RTU 指令主-从通信的编程步骤。其中 CPU 机架 CM1241 RS422/485 作为 Modbus RTU 主站，RS485 仪表作为 Modbus RTU 从站。Modbus RTU 主站编程需要调用 Modbus_Comm_Load 指令和 Modbus_Master 指令，其中 Modbus_Comm_Load 指令对通信模块进行组态，Modbus_Master 指令可通过由 Modbus_Comm_Load 指令组态的端口作为 Modbus 主站进行通信，Modbus_Comm_Load 指令的 MB_DB 参数必须连接 Modbus_Master 指令的（静态）MB_DB 参数。

3.2.3.1 Modbus_Comm_Load 指令

1. Modbus_Comm_Load 指令介绍

Modbus_Comm_Load 指令用于组态 RS232、RS485 通信模块端口的通信参数，以便进行 Modbus RTU 协议通信，该指令如图 3-9 所示。每个 Modbus RTU 通信的端口都必须执行一次 Modbus_Comm_Load 指令来组态。

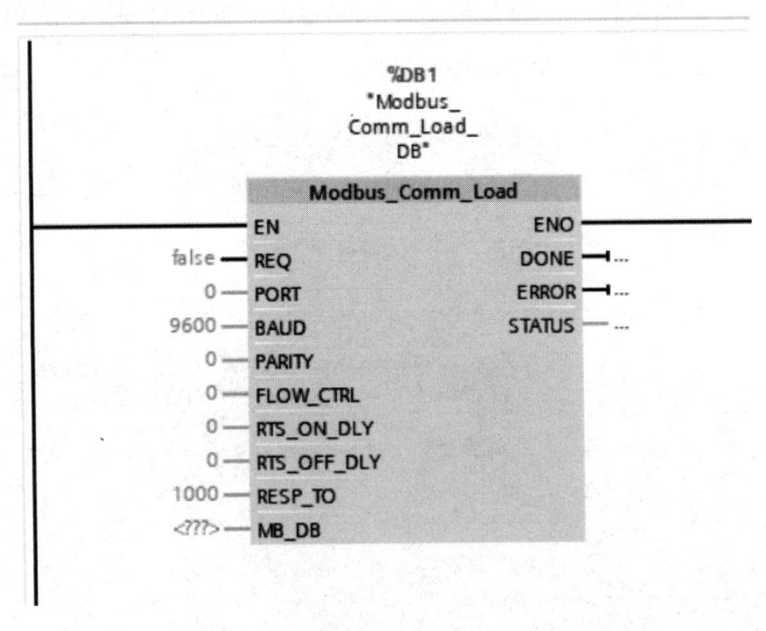

图 3-9 Modbus_Comm_Load 指令

2. Modbus_Comm_Load 指令的引脚参数

Modbus_Comm_Load 指令的引脚参数如表 3-16 所示。

表 3-16　Modbus_Comm_Load 指令的引脚参数

引脚参数	I/O	数据类型	说明
REQ	IN	Bool	当此输入出现上升沿时，启动该指令
PORT	IN	Port	通信端口的硬件标识符。通过以下两种方式获得： 通信模块组态中的硬件标识符，如图 3-6 所示； 在 PLC“默认变量表”中查找，如图 3-7 所示，可应用于此处
BAUD	IN	UDInt	选择波特率有效值为 300bps、600bps、1200bps、2400bps、4800bps、9600bps、19200bps、38400bps、57600bps、76800bps、115200bps
PARITY	IN	UInt	选择奇偶校验：0–无；1–奇校验；2–偶校验
FLOW_CTRL	IN	UInt	选择流控制：0–（默认）无流控制
RTS_ON_DLY	IN	UInt	RTS 接通延迟选择：0–（默认）
RTS_OFF_DLY	IN	UInt	RTS 关断延迟选择：0–（默认）
RESP_TO	IN	UInt	响应超时：默认值为 1000 Modbus_Master 指令等待从站响应的时间（以毫秒为单位）。如果从站在此时间段内未响应，Modbus_Master 指令将重复请求，或者在指定数量的重试请求后取消请求并提示错误 5～65535 ms
MB_DB	IN/OUT	MB_BASE	对 Modbus_Master 指令或 Modbus_Slave 指令的背景数据块的引用。MB_DB 参数必须与 Modbus_Master 指令或 Modbus_Slave 指令中的静态变量 MB_DB 参数相连
DONE	OUT	Bool	如果上一个请求完成并且没有错误，DONE 位将变为 TRUE 并保持一个周期
ERROR	OUT	Bool	如果上一个请求出错，则 ERROR 位将变为 TRUE 并保持一个周期
STATUS	OUT	Word	错误代码，仅在 ERROR=TRUE 的周期内有效

3. Modbus_Comm_Load 指令使用说明

在进行 Modbus RTU 通信前，必须先执行 Modbus_Comm_Load 指令组态通信端口，然后才能使用 Modbus_Master 指令或 Modbus_Slave 指令进行 Modbus RTU 通信。在 OB100 中调用 Modbus_Comm_Load 指令，或者在 OB1 中使用首次循环标志调用执行一次。

当 Modbus_Master 指令或 Modbus_Slave 指令被拖曳到用户程序时，将为其分配背景数据块，需要将 Modbus_Comm_Load 指令的 MB_DB 参数连接 Modbus_Master 指令或 Modbus_Slave 指令的 MB_DB 参数。

3.2.3.2 Modbus_Master 指令

1. Modbus_Master 指令介绍

Modbus_Master 指令可通过由 Modbus_Comm_Load 指令组态的端口作为 Modbus RTU 主站进行通信，该指令如图 3-10 所示。当在程序中添加 Modbus_Master 指令时，将自动分配背景数据块。Modbus_Comm_Load 指令的 MB_DB 参数必须连接 Modbus_Master 指令的 MB_DB 参数。

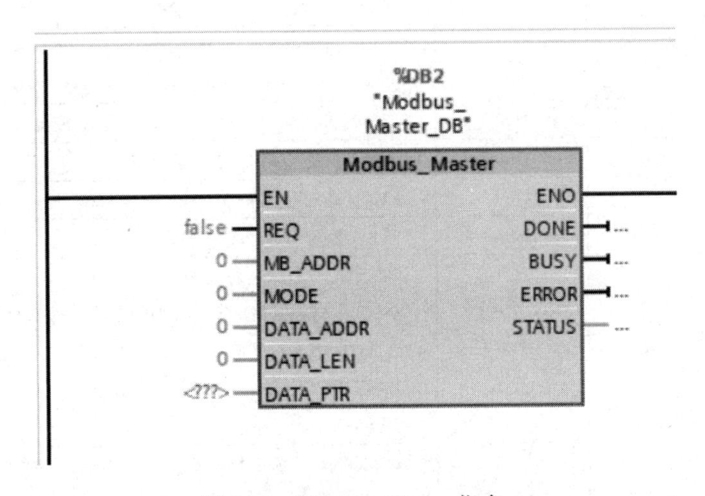

图 3-10　Modbus_Master 指令

2. Modbus_Master 指令的引脚参数

Modbus_Master 指令的引脚参数如表 3-17 所示。

表 3-17　Modbus_Master 指令的引脚参数

引脚参数	I/O	数据类型	说明
REQ	IN	Bool	当此输入出现上升沿时，启动该指令
MB_ADDR	IN	Uint	Modbus RTU 从站地址。地址范围：1～247
MODE	IN	USInt	模式选择：0 表示读操作，1 表示写操作
DATA_ADDR	IN	UDInt	从站的起始地址：指定 Modbus RTU 从站将访问的数据的起始地址
DATA_LEN	IN	UInt	数据长度：指定要在该请求中访问的位数或字节数
DATA_PTR	IN	Variant	数据指针：指向要进行数据写入或数据读取的数据块地址
DONE	OUT	Bool	如果上一个请求完成并且没有错误，DONE 位将变为 TRUE 并保持一个周期
BUSY	OUT	Bool	0 表示无激活命令，1 表示命令执行中

续表

引脚参数	I/O	数据类型	说明
ERROR	OUT	Bool	如果上一个请求出错，则 ERROR 位将变为 TRUE 并保持一个周期
STATUS	OUT	Word	错误代码，仅在 ERROR = TRUE 的周期内有效

3. Modbus_Master 指令使用说明

同一个串行通信接口只能作为 Modbus RTU 的主站或者从站。

当同一个串行通信接口使用多个 Modbus_Master 指令时，Modbus_Master 指令必须使用同一个背景数据块，用户程序必须使用轮询方式执行指令。

3.2.3.3 Modbus_Slave 指令

1. Modbus_Slave 指令介绍

Modbus_Slave 指令可通过由 Modbus_Comm_Load 指令组态的端口作为 Modbus RTU 从站进行通信，该指令如图 3-11 所示。当在程序中添加 Modbus_Slave 指令时，将自动分配背景数据块。Modbus_Comm_Load 指令的 MB_DB 参数必须连接 Modbus_Slave 指令的 MB_DB 参数。

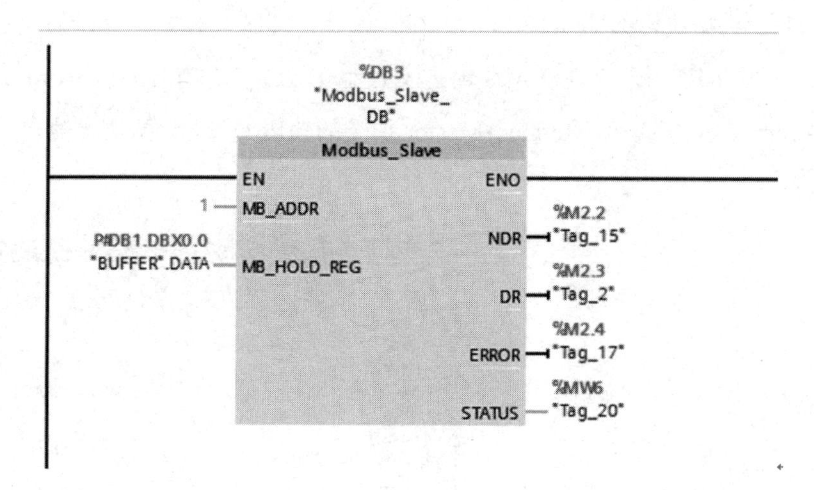

图 3-11　Modbus_Slave 指令

2. Modbus_Slave 指令的引脚参数

Modbus_Slave 指令的引脚参数如表 3-18 所示。

表 3-18　Modbus_Slave 指令的引脚参数

引脚参数	I/O	数据类型	说明
MB_ADDR	IN	Uint	Modbus RTU 从站地址。地址范围：1～247
MB_HOLD_REG	IN	Variant	数据指针，指向 Modbus 保持寄存器的地址，Modbus 保持寄存器可以为 M 存储区或 DB 数据区。如果 Modbus 保持寄存器为 DB 数据区，则 DB 数据区支持优化访问的数据块或非优化访问的数据块，建议采用非优化访问的数据块
NDR	OUT	Bool	新数据就绪，0 表示无新数据，1 表示新数据已由 Modbus RTU 主站写入
DR	OUT	Bool	数据读取，0 表示未读取数据，1 表示该命令已将 Modbus RTU 主站接收的数据存储在目标区域中
ERROR	OUT	Bool	如果上一个请求出错，则 ERROR 位将变为 TRUE 并保持一个周期
STATUS	OUT	Word	错误代码，仅在 ERROR = TRUE 的周期内有效

3.2.4　系统软件设计

3.2.4.1　创建数据接收 DB 块

在项目中添加了 S7-1200 PLC 之后，在项目树中 PLC 的“程序块”选项下添加“温控 DB[DB 11]”数据块，如图 3-12 所示。在“属性”选区，去掉“优化的块访问”复选框的勾选，如图 3-13 所示。在数据块内定义数组 DATA，含有 10 个 Word 元素，定义 Modbus_Comm_Load 指令和 Modbus_Master 指令的输出变量，数据块参数定义如图 3-14 所示。

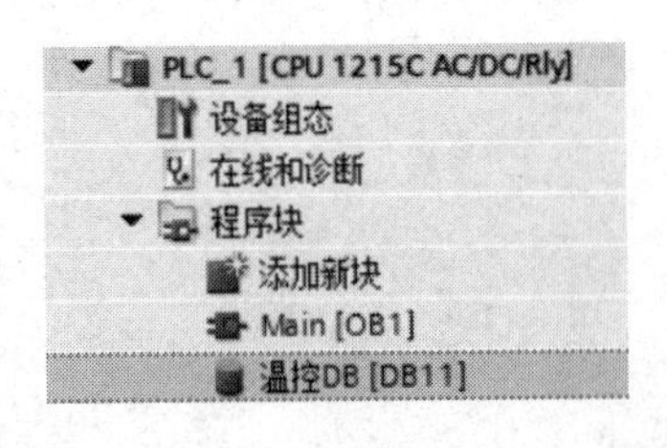

图 3-12　“温控 DB[DB 11]”数据块

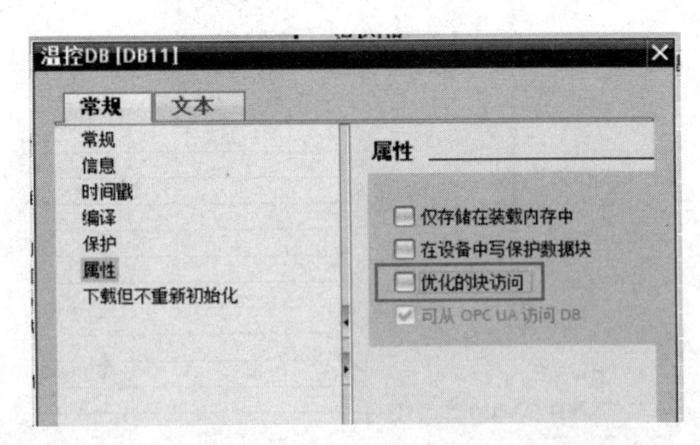

图 3-13　去掉“优化的块访问”复选框的勾选

温控DB

	名称	数据类型	偏移量	起始值	保
1	▼ Static				
2	▪ ▼ DATA	Array[0..10] o...	0.0		
3	▪ DATA[0]	Word	0.0	16#0	
4	▪ DATA[1]	Word	2.0	16#0	
5	▪ DATA[2]	Word	4.0	16#0	
6	▪ DATA[3]	Word	6.0	16#0	
7	▪ DATA[4]	Word	8.0	16#0	
8	▪ DATA[5]	Word	10.0	16#0	
9	▪ DATA[6]	Word	12.0	16#0	
10	▪ DATA[7]	Word	14.0	16#0	
11	▪ DATA[8]	Word	16.0	16#0	
12	▪ DATA[9]	Word	18.0	16#0	
13	▪ DATA[10]	Word	20.0	16#0	
14	▪ MBDB	Bool	22.0	false	
15	▪ ▼ Modbus_Comm_Load	Struct	24.0		
16	▪ Done	Bool	24.0	false	
17	▪ Error	Bool	24.1	false	
18	▪ Status	Word	26.0	16#0	
19	▪ ▼ Modbus_Master	Struct	28.0		
20	▪ Done	Bool	28.0	false	
21	▪ Busy	Bool	28.1	false	
22	▪ Error	Bool	28.2	false	
23	▪ Status	Word	30.0	16#0	
24	▪ SETP	Word	32.0	16#0	

图 3-14　数据块参数定义

3.2.4.2　软件编程

S7-1200 PLC 作为主站，硬件已经配备 RS485 通信模块。在 OB1 中先调用 Modbus_Comm_Load 指令来组态 RS485 模块上的端口，系统自动生成背景数据块 Modbus_Comm_Load_DB，再调用 Modbus_Master 指令作为 Modbus 主站与从站进行通信，系统自动生成背景数据块 Modbus_Master_DB。

（1）Modbus_Comm_Load 指令参数设置如图 3-15 所示。

REQ：首次执行，初始化 M1.0。

PORT：填入硬件组态时 PLC 的通信模块硬件标识符。

BAUD：波特率，硬件组态时已经将其设置为 9600bps，需要把 RS485 仪表中的波特率也调整为 9600bps。

MB_DB：连接 Modbus_Master_DB 的 MB_DB。

其他参数设置如图 3-15 所示。

输出参数：按“温控 DB[DB 11]”数据块中的定义填入。

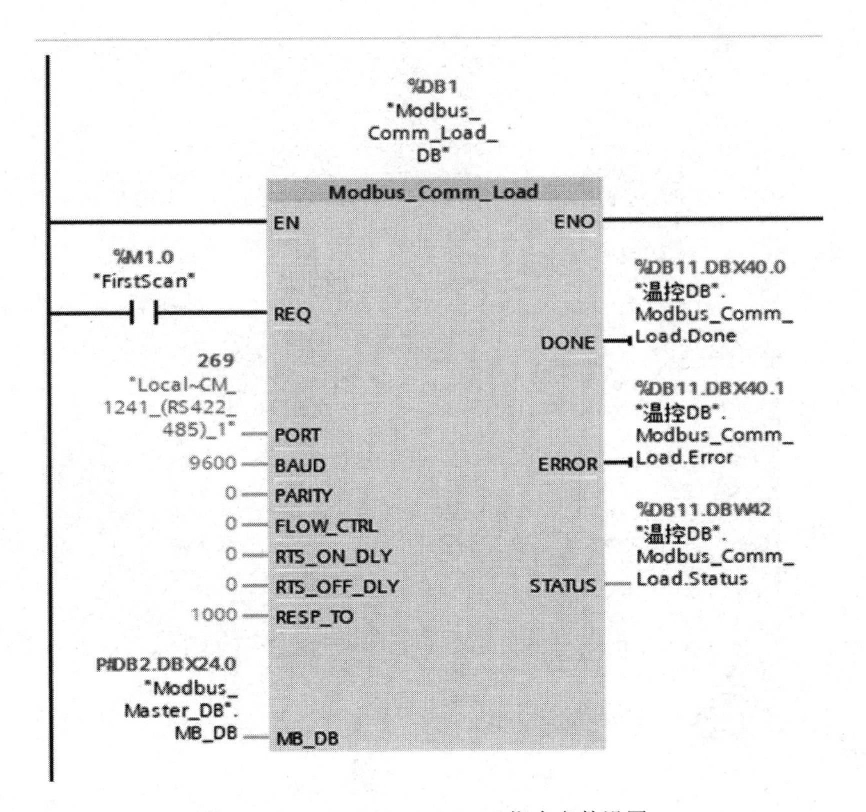

图 3-15　Modbus_Comm_Load 指令参数设置

（2）Modbus_Master 指令参数设置如图 3-16 所示。

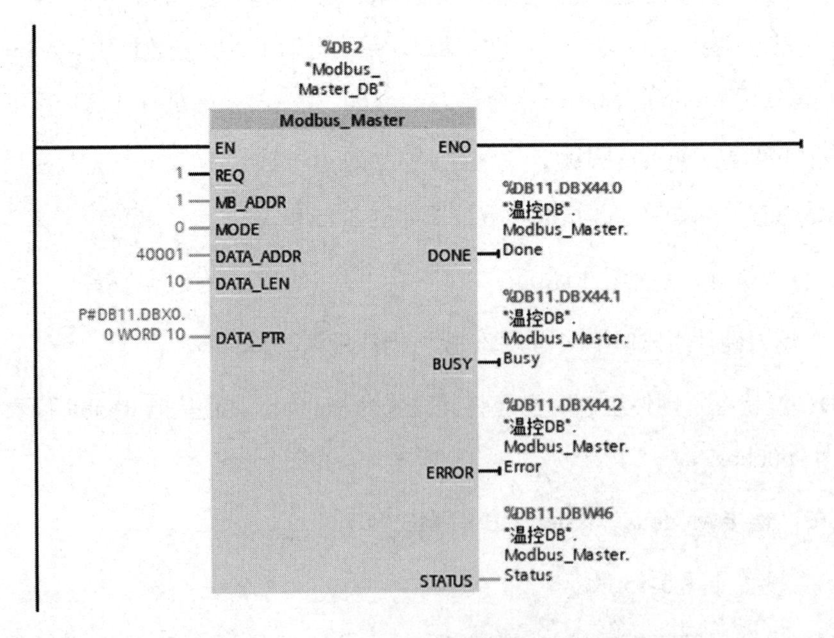

图 3-16　Modbus_Master 指令参数设置

REQ：0=无请求；1=请求向 Modbus 从站发送数据。

MB_ADDR：填入从站的地址，RS485 仪表中设置的地址为 1。

DATA_LEN：读取数据的长度。

DATA_ADDR：数据读取的地址，查询 RS485 仪表的通信协议，测量显示值的地址为 1，对应 Modbus 的地址为 40001。

MODE 参数与 DATA_ADDR 参数的组合可以用来选择各种 Modbus 功能码，具体组合查询 S7-1200 PLC 手册可得，本例读数据的模式选择 0。

DATA_PTR（数据指针）：指向读取 RS485 仪表数据块的存储器地址，即“温控 DB[DB 11]”数据块的起始地址，将 DB 属性中的“优化的块访问”复选框的勾选取消。

输出参数：按“温控 DB[DB 11]”数据块中的定义填入。

（3）将 Modbus_Comm_Load 指令的背景数据块 Modbus_Comm_Load_DB 中的静态变量“MODE”修改为 4。“MODE”的默认值为 0，需要根据实际组态情况修改成相应的数值。

0 = 全双工 (RS232)。

1 = 全双工 (RS422) 四线制模式（点对点）。

2 = 全双工 (RS422) 四线制模式［多点主站，CM PtP (ET 200SP)］。

3 = 全双工 (RS422) 四线制模式［多点从站，CM PtP (ET 200SP)］。

4 = 半双工 (RS485) 二线制模式。

（4）RS485 仪表显示值的数据处理。将读取的原始值转换为实数，再进行相应的运算得到显示值。数据处理程序如图 3-17 所示。

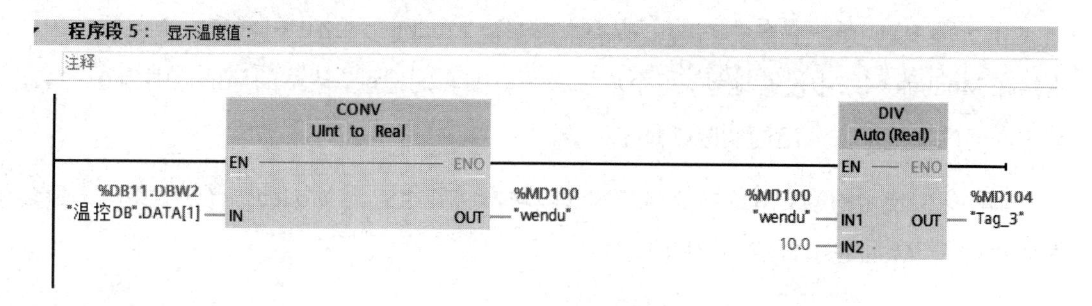

图 3-17　数据处理程序

（5）RS485 仪表作为从站，只需在设定中选择 Modbus RTU 通信协议并且分配站地址为 1。

3.2.4.3 监控测试

编写完程序后，编译下载到 PLC 中，进入在线调试状态，RS485 仪表显示值在 PLC 中的数据显示如图 3-18 所示。改变温度传感器的输入，则数据显示也随之变化。

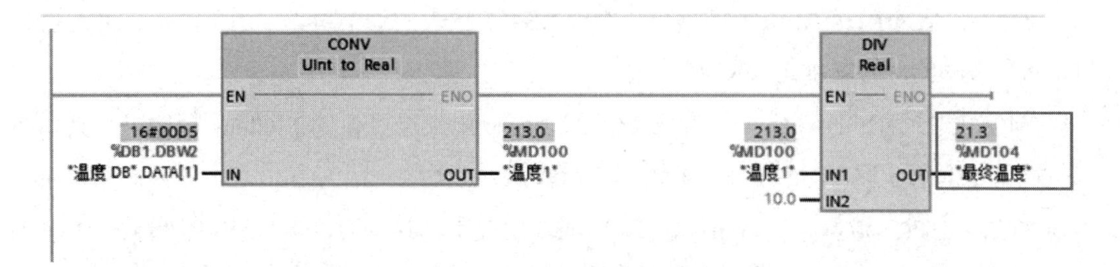

图 3-18　RS485 仪表显示值在 PLC 中的数据显示

学习拓展：PLC 与两个 RS485 仪表的通信设计

分析：需要对两个 Modbus 从站进行读或写操作，RS485 串口通信属于半双工通信，需要采用轮询的方式来实现这个功能。PLC 主站发送两条带有从站地址的 Modbus_Master 指令读取不同的从站数据，同时各从站通过响应带有站地址标识的数据给主站，以完成整个通信过程。这种轮询通信程序，可以根据发送和接收完成的标志来编写程序，也可以以固定的时间间隔进行轮询编写程序。

任务 3.3　PLC 之间的 Modbus 控制系统构建与运行

Modbus RTU 是一种单主站的主-从通信模式，Modbus 网络中只能有一个主站存在，主站在 Modbus 网络中没有地址，每个从站必须有唯一的地址，从站的地址范围为 0～247，其中 0 为广播地址，从站的实际地址范围为 1～247。

本任务中使用的为 CM1241 RS422/485 模块，将其组态为 Modbus RTU 主站时，最多支持与 32 个 Modbus RTU 从站建立通信。

3.3.1 RS485 连接器的接线

西门子 PLC 的 Modbus 通信使用的是 DB9 针 RS485 串行连接器。

RS422 和 RS485 其实并没有定义连接器标准，具体采用什么连接器，连接器中使用哪些引脚，完全取决于设备设计制造商自己的定义，CM1241 RS422/RS485 模块引脚的定义如表 3-19 所示，在 RS485 通信模式下，需要用到引脚 3 和引脚 8。

表 3-19　CM1241 RS422/RS485 模块引脚的定义

引脚	信号	信号含义
1	GND	逻辑接地或通信接地
2	TXD+[1]	用于连接 RS242，不适用于 RS485；输出
3	TXD+[2]	信号 B（RXD/TXD+）：输入/输出
4	RTS[3]	请求发送（TTL 电平）输出
5	GND	逻辑接地或通信接地
6	PWR	+5V 与 100Ω 串联电阻：输出
7		未连接
8	TXD-[2]	信号 A（RXD/TXD-）：输入/输出
9	TXD-[1]	用于连接 RS242，不适用于 RS485；输出

注：1．引脚 2（TXD+）和引脚 9（TXD-）的信号是 RS422 的传送信号。

2．引脚 3（RXD/TXD+）和引脚 8（RXD/TXD-）的信号是 RS485 的传送和接收信号。对于 RS422，引脚 3 是 RXD+，引脚 8 是 RXD-。

3．RTS 是 TTL 电平信号，用于控制发送输出，该信号在发送时激活，在所有其他时刻都不激活。

两个 RS485 通信模块的引脚 3 相连，引脚 8 相连。

3.3.2　硬件组态

（1）插入两台 S7-1200 PLC，为两台 PLC 分别添加 CM1241 RS422/RS485 模块，参考图 3-3。

2 个 PLC 之间的 Modbus RTU 通信组成

（2）分别对 PLC_1 和 PLC_2 的 RS485 模块进行组态配置，参考图 3-5。

3.3.3　主站软件编程

3.3.3.1　创建数据发送和接收数据块

在项目中添加了 S7-1200 PLC 之后，在项目树中 PLC 的“程序块”选项下添加“BF_OUT[DB1]”数据块和“BF_IN[DB2]”数据块，如图 3-19 所示，分别去掉“优化的块访问”复选框的勾选。

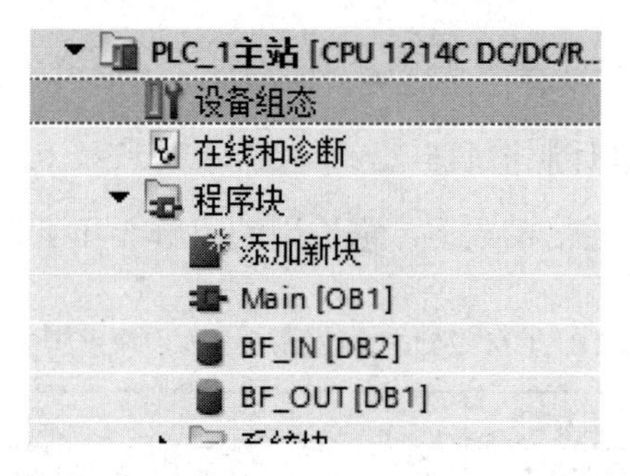

图 3-19　添加“BF_OUT[DB1]”数据块和“BF_IN[DB2]”数据块

在“BF_OUT[DB1]”数据块内定义“To 从站”数组，含有 10 个 Word 元素，如图 3-20 所示。在“BF_IN[DB2]”数据块内定义“From 从站”数组，含有 10 个 Word 元素，如图 3-21 所示。

BF_OUT

名称	数据类型	偏移量
▼ Static		
▼ To从站	Array[1..10] ...	0.0
To从站[1]	Word	0.0
To从站[2]	Word	2.0
To从站[3]	Word	4.0
To从站[4]	Word	6.0
To从站[5]	Word	8.0
To从站[6]	Word	10.0
To从站[7]	Word	12.0
To从站[8]	Word	14.0
To从站[9]	Word	16.0
To从站[10]	Word	18.0

图 3-20　定义“To 从站”数组

BF_IN

名称	数据类型	偏移量
▼ Static		
▼ From从站	Array[1..10] ...	0.0
From从站[1]	Word	0.0
From从站[2]	Word	2.0
From从站[3]	Word	4.0
From从站[4]	Word	6.0
From从站[5]	Word	8.0
From从站[6]	Word	10.0
From从站[7]	Word	12.0
From从站[8]	Word	14.0
From从站[9]	Word	16.0
From从站[10]	Word	18.0

图 3-21　定义“From 从站”数组

3.3.3.2　Modbus RTU 主站编程

发送数据区和接收数据区初始化程序如图 3-22 所示。

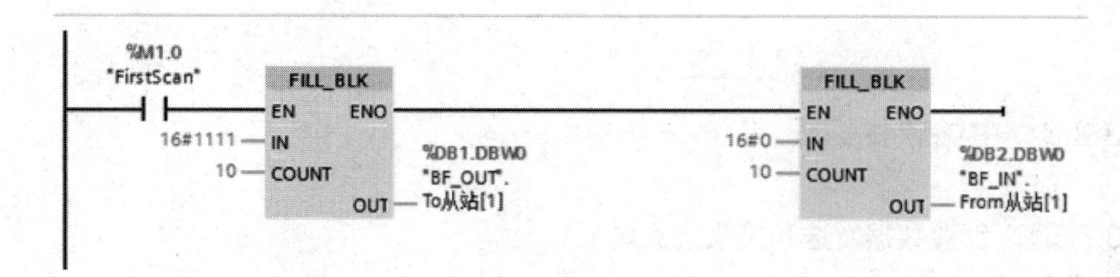

图 3-22　发送数据区和接收数据区初始化程序

通信模块的通信模式初始化如图 3-23 所示。

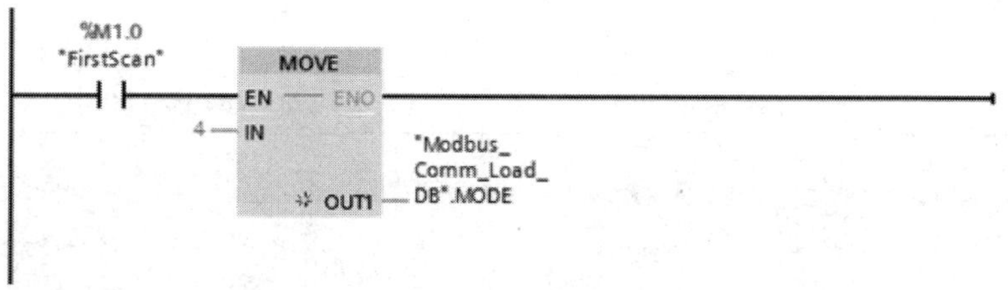

图 3-23　通信模块的通信模式初始化

发送数据区数据递增程序如图 3-24 所示。

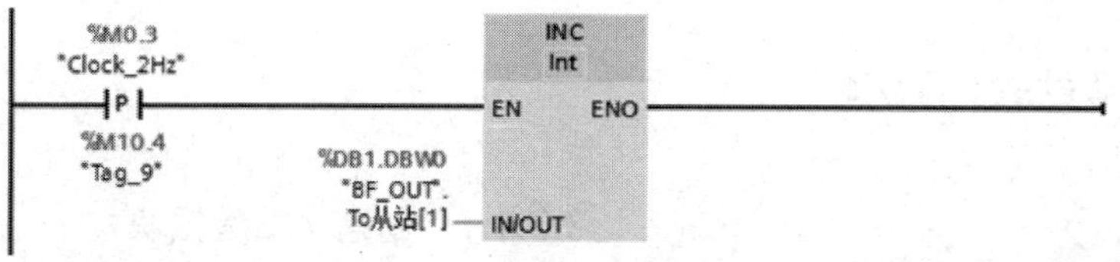

图 3-24　发送数据区数据递增程序

PLC_1 作为 Modbus 主站，在 OB1 中插入 Modbus_Comm_Load 指令，并填入输入/输出参数，如图 3-25 所示；插入两条 Modbus_Master 指令，并填入输入/输出参数，如图 3-26 所示。其中一条指令用于读取从站数据，另一条指令用于写从站。调用指令后系统会自动生成背景数据块 Modbus_Comm_Load_DB 与 Modbus_Master_DB，两条 Modbus_Master 指令必须是同一个背景数据块。

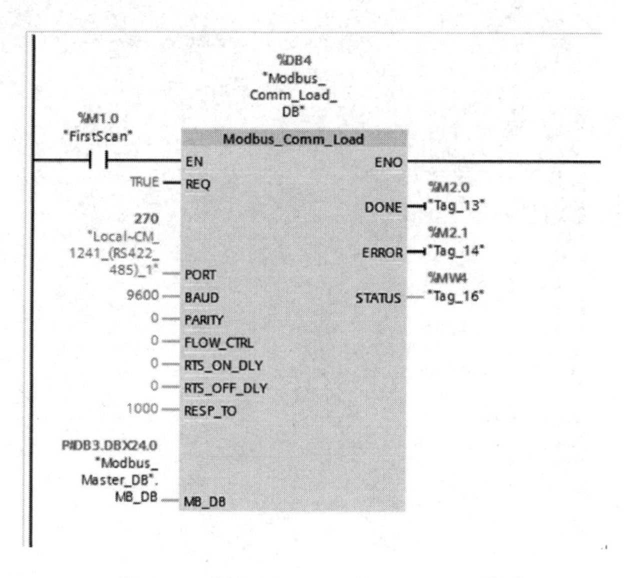

图 3-25　插入 Modbus_Comm_Load 指令

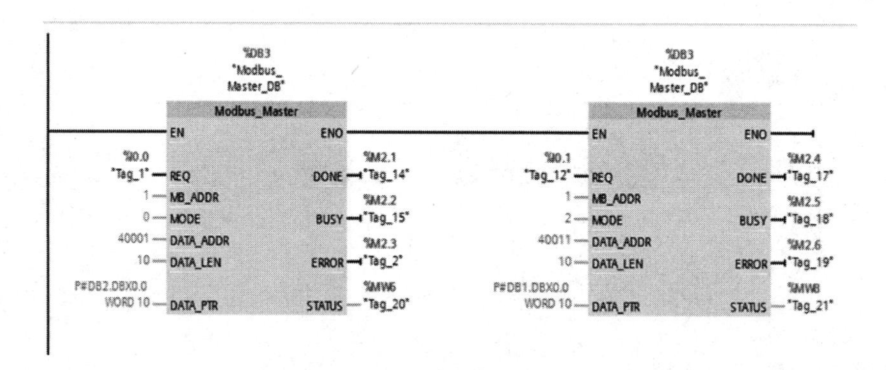

图 3-26　插入两条 Modbus_Master 指令

3.3.4　从站软件编程

3.3.4.1　创建从站数据块

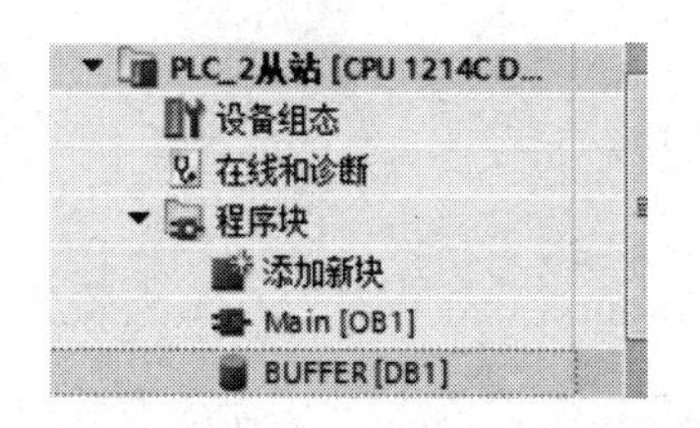

图 3-27　添加“BUFFER[DB1]”数据块

在项目中添加了从站 S7-1200 PLC 之后，在项目树中从站 PLC 的“程序块”选项下添加“BUFFER[DB1]”数据块，如图 3-27 所示，去掉“优化的块访问”复选框的勾选。

在从站“BUFFER[DB1]”数据块内定义“DATA”数组，含有 20 个 Word 元素，如图 3-28 所示。

BUFFER

	名称	数据类型	偏移量	起始值
1	▼ Static			
2	▼ DATA	Array[1..20] ...	0.0	
3	DATA[1]	Word	0.0	W#16#1234
4	DATA[2]	Word	2.0	W#16#5678
5	DATA[3]	Word	4.0	W#16#ABCD
6	DATA[4]	Word	6.0	16#0
7	DATA[5]	Word	8.0	16#0
8	DATA[6]	Word	10.0	16#0
9	DATA[7]	Word	12.0	16#0
10	DATA[8]	Word	14.0	16#0
11	DATA[9]	Word	16.0	16#0
12	DATA[10]	Word	18.0	16#0
13	DATA[11]	Word	20.0	16#0
14	DATA[12]	Word	22.0	16#0
15	DATA[13]	Word	24.0	16#0
16	DATA[14]	Word	26.0	16#0
17	DATA[15]	Word	28.0	16#0
18	DATA[16]	Word	30.0	16#0
19	DATA[17]	Word	32.0	16#0
20	DATA[18]	Word	34.0	16#0
21	DATA[19]	Word	36.0	16#0
22	DATA[20]	Word	38.0	16#0

图 3-28　定义“DATA”数组

3.3.4.2　Modbus RTU 从站编程

从站数据区初始化程序如图 3-29 所示。

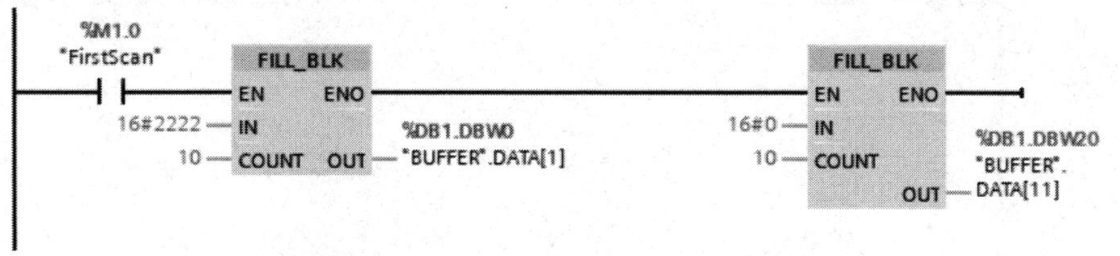

图 3-29　从站数据区初始化程序

通信模块的通信模式初始化如图 3-30 所示。

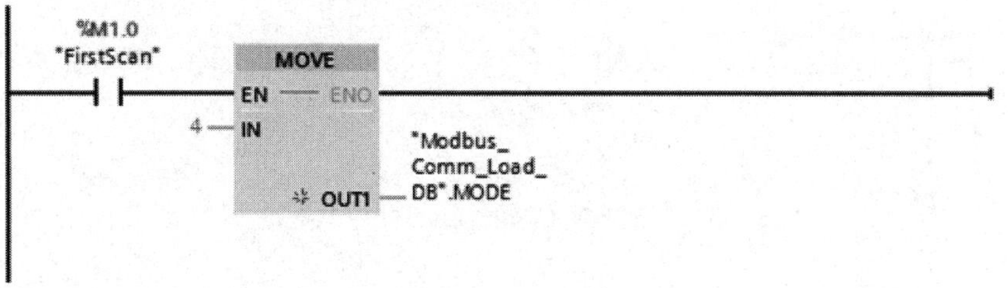

图 3-30　通信模块的通信模式初始化

数据区数据递增程序如图 3-31 所示。

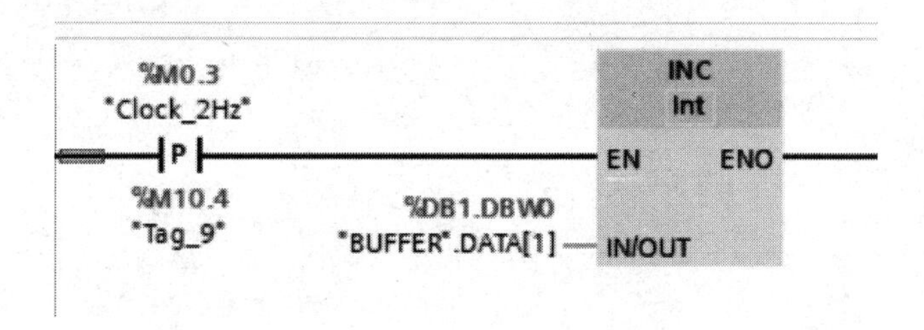

图 3-31　数据区数据递增程序

PLC_2 作为 Modbus 从站，在 OB1 中插入 Modbus_Comm_Load 指令并填入输入/输出参数，Modbus_Comm_Load 指令参数设置如图 3-32 所示。插入 Modbus_Slave 指令并填入输入/输出参数，Modbus_Slave 指令参数设置如图 3-33 所示。调用指令后系统会自动生成背景数据块 Modbus_Comm_Load_DB 与 Modbus_Slave_DB。

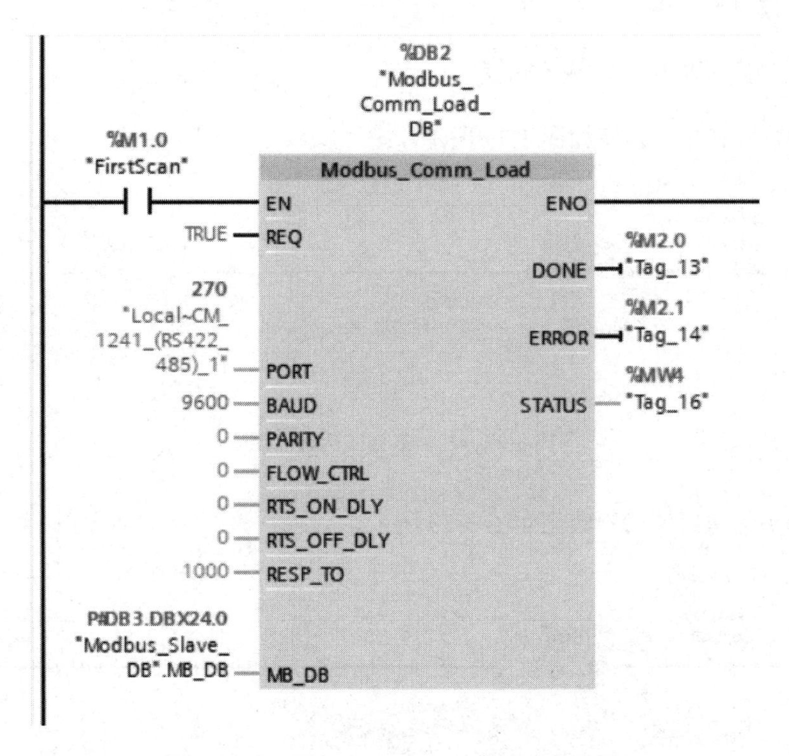

图 3-32　Modbus_Comm_Load 指令参数设置

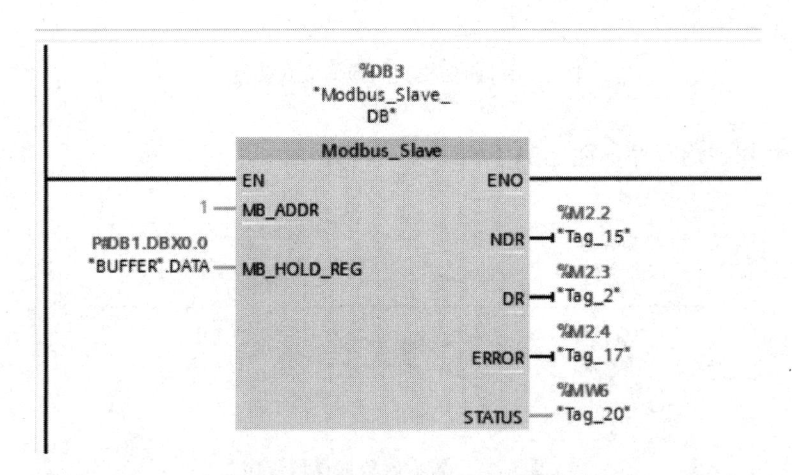

图 3-33　Modbus_Slave 指令参数设置

3.3.5　监控测试

编写完程序后，编译下载到 PLC 中，进入在线调试状态，分别在主站的接收数据区和从站的数据区观察数据变化情况并记录。

实训 3.1　PLC 与 RS485 仪表的 Modbus RTU 通信系统

PLC 与 RS485 仪表的 Modbus 通信实操

工作任务	PLC 与 RS485 仪表的 Modbus RTU 通信系统	备注
注意事项	安全注意事项： （1）严格遵守实训设备、专用工具的安全操作规程，严防人身、设备事故的发生，请勿触摸交流供电设备及交流接线端子 （2）不能带电操作，在通电情况下，不能进行接线、不能触摸交流供电设备 （3）实训结束后，必须收拾整理好工具、仪表、工件、导线等实训设备，保持实训台、地面和周边环境的干净整齐	
任务描述	（1）由 RS485 仪表与 S7-1215 PLC 组成一个 Modbus 网络控制系统，S7-1215 PLC 作为 Modbus 通信主站，RS485 仪表作为 Modbus 通信从站 （2）PLC 通过 Modbus RTU 协议读取 RS485 仪表的显示值数据，要求与仪表控制器的显示值数据一致	
实训目标	（1）了解 Modbus 通信方式的工作原理 （2）掌握 RS485 仪表采用 Modbus 通信方式时的参数设置方法 （3）掌握 Modbus 通信时 PLC 主站的硬件组态方法及软件编程方法	
通信设备	S7-1215 PLC，RS485 仪表	
任务实施	（1）在博途软件中新建项目，PLC 选 S7-1215，选择“通信模块”→“点到点”→“CM1241 (RS422/485)”命令添加模块，并进行通信参数组态 （2）设置从站即 RS485 仪表的通信参数 （3）定义 PLC 与 RS485 仪表通信的数据块 （4）编写 PLC 程序，实现 PLC 读取 RS485 仪表数据的功能	
考核要素	（1）Modbus 网络结构图 （2）RS485 仪表通信参数的设置 （3）PLC 主站的硬件组态 （4）PLC 的 Modbus 通信指令 （5）PLC 读取 RS485 仪表数据的程序及结果	
实训总结	（1）通过本实训你学到的知识点、技能点有哪些 （2）不理解哪些内容 （3）你认为在哪些方面还有进一步深化的必要	
老师评价		

实训 3.2　PLC 与两个 RS485 仪表的 Modbus RTU 通信系统

工作任务	PLC 与两个 RS485 仪表的 Modbus RTU 通信系统	备注
注意事项	安全注意事项： （1）严格遵守实训设备、专用工具的安全操作规程，严防人身、设备事故的发生，请勿触摸交流供电设备及交流接线端子 （2）不能带电操作，在通电情况下，不能进行接线、不能触摸交流供电设备 （3）实训结束后，必须收拾整理好工具、仪表、工件、导线等实训设备，保持实训台、地面和周边环境的干净整齐	

续表

工作任务	PLC 与两个 RS485 仪表的 Modbus RTU 通信系统	备注
任务描述	（1）由两个 RS485 仪表与 S7-1215 PLC 组成一个 Modbus 网络控制系统，S7-1215 PLC 作为 Modbus 通信主站，1#RS485 仪表作为 Modbus 通信从站 1（从站地址为 01），2#RS485 仪表作为 Modbus 通信从站 2（从站地址为 02） （2）PLC 通过 Modbus RTU 协议读取 1#RS485 仪表、2#RS485 仪表的显示值数据，要求与仪表的显示值一致	
实训目标	（1）熟悉 Modbus RTU 通信方式的工作原理 （2）掌握 RS485 仪表采用 Modbus 通信方式时的参数设置方法 （3）掌握 Modbus 通信系统有多个从站时，通信系统的硬件连接方法 （4）掌握 Modbus 通信系统有多个从站时，PLC 主站的硬件组态方法及软件编程方法	
通信设备	S7-1215 PLC，两个 RS485 仪表	
任务实施	（1）在博途软件新建项目，PLC 选 S7-1215，选择“通信模块”→“点到点”→“CM1241 (RS422/485)”命令添加模块，并进行通信参数组态 （2）设置两个从站即 RS485 仪表的通信参数 （3）定义 PLC 与 RS485 仪表通信的两个数据块 （4）编写 PLC 程序，实现 PLC 读取两个 RS485 仪表数据的功能	
考核要素	（1）Modbus 网络结构图 （2）RS485 仪表通信参数设置 （3）PLC 主站的硬件组态 （4）PLC 的 Modbus 通信指令 （5）PLC 读取两个 RS485 仪表数据的程序及结果	
实训总结	（1）通过本实训你学到的知识点、技能点有哪些 （2）不理解哪些内容 （3）你认为在哪些方面还有进一步深化的必要	
老师评价		

实训 3.3　两个 PLC 之间的 Modbus RTU 通信系统

工作任务	两个 PLC 之间的 Modbus RTU 通信系统	备注
注意事项	安全注意事项： （1）严格遵守实训设备、专用工具的安全操作规程，严防人身、设备事故的发生，请勿触摸交流供电设备及交流接线端子 （2）不能带电操作，在通电情况下，不能进行接线、不能触摸交流供电设备 （3）实训结束后，必须收拾整理好工具、仪表、工件、导线等实训设备，保持实训台、地面和周边环境的干净整齐	
任务描述	（1）由两个 S7-1215 PLC 组成一个 Modbus 网络控制系统，S7-1215 PLC1 作为 Modbus 通信主站，S7-1215 PLC2 作为 Modbus 通信从站 （2）PLC1 读取 PLC2 的数据，要求 PLC1 读取的数据与 PLC2 发送的数据一致 （3）PLC2 读取 PLC1 的数据，要求 PLC2 读取的数据与 PLC1 发送的数据一致	

续表

工作任务	两个 PLC 之间的 Modbus RTU 通信系统	备注
实训目标	（1）熟悉 Modbus 通信方式的工作原理 （2）掌握 S7-1215 PLC1 的 Modbus 通信主站硬件组态方法及软件编程方法 （3）掌握 S7-1215 PLC2 的 Modbus 通信从站硬件组态方法及软件编程方法	
通信设备	两个 S7-1215 PLC	
任务实施	（1）在博途软件中新建项目，在设备和网络中添加两个 S7-1215 PLC，选择“通信模块”→“点到点”→“CM1241(RS422/485)”命令为每个 PLC 添加模块，并进行通信参数组态，S7-1215 PLC1 作为 Modbus 通信主站，S7-1215 PLC2 作为 Modbus 通信从站 （2）每个 PLC 定义通信的发送数据块和接收数据块 （3）设计主站程序、从站程序，实现主站读、写从站数据的功能	
考核要素	（1）Modbus 网络连接图 （2）PLC 主站与 PLC 从站的硬件组态 （3）PLC 主站 Modbus_Master 指令、PLC 从站 Modbus_Slave 指令的编程方法 （4）PLC 主站读、写 PLC 从站数据的通信结果	
实训总结	（1）通过本实训你学到的知识点、技能点有哪些 （2）不理解哪些内容 （3）你认为在哪些方面还有进一步深化的必要	
老师评价		

实训 3.4　触摸屏控制 PLC 与 RS485 仪表的 Modbus 通信

工作任务	触摸屏控制 PLC 与 RS485 仪表的 Modbus 通信	备注
注意事项	安全注意事项： （1）严格遵守实训设备、专用工具的安全操作规程，严防人身、设备事故的发生，请勿触摸交流供电设备及交流接线端子 （2）不能带电操作，在通电情况下，不能进行接线、不能触摸交流供电设备 （3）实训结束后，必须收拾整理好工具、仪表、工件、导线等实训设备，保持实训台、地面和周边环境的干净整齐	
任务描述	（1）由 RS485 仪表与 S7-1215 PLC 组成一个 Modbus 网络控制系统，S7-1215 PLC 作为 Modbus 通信主站，RS485 仪表作为 Modbus 通信从站 （2）S7-1215 PLC 与触摸屏通过以太网连接，在触摸屏上设计界面控制 PLC 读取 RS485 仪表的数据，并显示数据	
实训目标	（1）了解系统集成的工作原理 （2）掌握以太网、Modbus 网络的混合网络及多个设备组网的软、硬件实现方法 （3）掌握人机界面的实现方法	
通信设备	触摸屏、S7-1215 PLC、RS485 仪表	

续表

工作任务	触摸屏控制 PLC 与 RS485 仪表的 Modbus 通信	备注
任务实施	（1）在博途软件中新建项目，PLC 选 S7-1215，选择“通信模块”→“点到点”→“CM1241 (RS422/485)”命令添加模块，并进行通信参数组态 （2）设置从站即 RS485 仪表的通信参数 （3）定义 PLC 与 RS485 仪表通信的数据块 （4）编写 PLC 程序，实现 PLC 读取 RS485 仪表的数据 （5）在触摸屏上设计 PLC 读取 RS485 仪表的数据及显示数据的界面，并在数据库中定义与 PLC 通信的变量	
考核要素	（1）Modbus 网络结构图 （2）RS485 仪表通信参数组态 （3）PLC 硬件组态、软件编程 （4）触摸屏界面设计、与 PLC 通信的参数链接 （5）触摸屏读取 RS485 仪表数据的结果	
实训总结	（1）通过本实训你学到的知识点、技能点有哪些 （2）不理解哪些内容 （3）你认为在哪些方面还有进一步深化的必要	
老师评价		

思考与练习

1．什么是 Modbus？它是如何工作的？

2．Modbus 有哪几种传输模式？各有什么特点？

3．简述 S7-1200 PLC Modbus 主站、从站的地址及相应的含义。

4．简述主站 Modbus_Master 指令的含义。

5．简述从站 Modbus_Slave 指令的含义。

6．设计一个网络通信系统，采用 Modbus 实现两台 S7-1200 PLC 之间的通信，要求第一台 PLC 的 I0.0 控制第二台 PLC 中 Q0.0 的输出。

项目 4 CC-Link 现场总线通信系统的构建

学习目标

1. 知识目标

- 了解 CC-Link 的通信特点。
- 了解 CC-Link 的系统结构。
- 熟悉 CC-Link 主、从站的接口模块。
- 熟悉 CC-Link 主、从站之间的通信方法。

2. 能力目标

- 掌握 CC-Link 通信网络的组态方法。
- 具有对 CC-Link 现场总线网络进行主、从站软件编程的能力。
- 具有构建与运行 CC-Link 控制系统的能力。

3. 素质目标

- 具有为祖国建设事业而刻苦学习的责任感和自觉性。
- 具备较强的自学、听课、概括总结等学习能力。
- 具有独立分析问题和解决问题的能力。
- 具有一定的创新意识。
- 遵守劳动纪律，具有环境意识、安全意识。

项目引入

CC-Link 是唯一起源于亚洲地区的总线系统，其通过使用专门的通信模块和专用的电缆，将分散的 I/O 模块、特殊功能模块、智能设备等连接起来，并通过 PLC 的 CPU 来控制和协调这些模块的工作，可以与其他制造商的各种不同设备进行连接，是一个开放的、适应性强的网络系统，能实现从较高的控制层网络到较低的传感层网络的通信。

任务 4.1 CC-Link 现场总线技术认知

CC-Link 是控制与通信链路（Control & Communication Link）的简称，是三菱电机公司于 1996 年推出的开放式架构的现场总线，是一种可以同时高速处理和控制信息数据的现场网络系统，可以提供高效、一体化的工厂和过程自动化控制。融合了控制与信息处理的现场总线 CC-Link 是一种信息化的网络，是一种以设备层为主的网络，同时也可以覆盖较高层次的控制层和较低层次的传感层。

CC-Link 现场总线采用一种开放式架构的工业现场总线协议，允许不同制造商的设备依此协议进行通信。由于其良好的兼容性，CC-Link 现场总线广泛使用在制造产业中的机器控制或程序控制、设备管理及智能建筑系统中，包括工业计算机、可编程控制器、机器人、伺服驱动器、变频器、液压阀、数字输入/输出模块、温度控制器及流量控制器等。

4.1.1 主要功能

CC-Link 系统主要功能

4.1.1.1 自动刷新功能、预约站功能

数据从网络模块到 CPU 是自动刷新完成的，不必具有专用的刷新指令。以 PLC 作为 CC-Link 的主站，由主站模块管理整个网络的运行和数据刷新，主站模块与 PLC 的 CPU 的数据刷新可在主站参数中设置刷新参数，可以将所有的网络通信数据和网络系统监视数据自动刷新到 PLC 的 CPU 中，不需要编写刷新程序，也不必考虑 CC-Link 主站模块缓冲寄存区的结构和数据类型与缓冲区的对应关系，简化了编程指令，减少了程序运行步骤，缩短了扫描周期，保证了系统运行的实时性。

预约站功能在系统的可扩展性上显示出极大的优越性，也给系统开发提供了很大的方便。预约站功能指 CC-Link 在网络组态时，可以事先将现在不挂接网络而计划将来挂接 CC-Link 的设备的系统信息（站类型、占用数据量、站号等）在主站中设定，而且可以将相关程序编写好；这些预约站挂接到网络中后，CC-Link 可以对其自动识别，使其自动投入运行，不需要重新进行网络组态，而且在预约站没有挂接到网络中时 CC-Link 同样可以正常运行。

4.1.1.2　RAS 功能

RAS 是 Reliability（可靠性）、Availability（可用性）、Serviceability（可维护性）的缩写。CC-Link 的备用主站功能、在线更换功能、站号重叠检查功能、通信自动恢复功能、网络监视功能、自诊断功能等，为用户提供了一个可以信赖的网络系统，可以帮助用户在最短时间内恢复网络系统。

4.1.1.3　互操作性和即插即用功能

CC-Link 提供给合作制造商描述每种类型产品的数据配置文档。这种文档称为内存映射表，用来定义控制信号和数据的存储单元（地址）。合作制造商按照这种映射表的规定，进行 CC-Link 兼容性产品的开发。由不同的 A 公司和 B 公司生产的同种类型的产品，在数据的配置上是完全一样的，用户根本不需要考虑两公司生产的产品在编程和使用上的不同。另外，如果用户换用同种类型的不同公司的产品，程序基本不用修改，可实现“即插即用”。

4.1.1.4　抗噪性能和兼容性

为了保证多厂家网络良好的兼容性，一致性测试是非常重要的。通常只是对接口部分进行测试。而且，CC-Link 的一致性测试程序包含了抗噪声测试。因此，所有 CC-Link 的兼容产品具有高水平的抗噪性能。

4.1.1.5　备用主站功能

使用备用主站功能时，当主站发生异常时，备用主站接替其作为主站，使网络的数据链接继续进行。而且在备用主站运行过程中，原先的主站如果恢复正常，则将作为备用主站回到数据链路中。在这种情况下，如果运行中主站又发生异常，则备用主站又将接替其作为主站继续进行数据链接。

4.1.2　CC-Link 的性能特点

4.1.2.1　高速度大容量的数据传送

通信速度可选择 156kbps 到 10Mbps 间的 5 种通信速度中的一种。通信长度由通信速度决定，当应用 10Mbps 的通信速度时，通信距离是 100m；当通信速度为 156kbps 时，通信距离为1200m。如果应用中继器，还可以扩展网络的总长度。通信电缆的长度可以延长到13.2km。

每个循环传送的数据为24字节，有150字节用于通信传送。8字节（64位）用于位数据传送，16字节（4点RWr、4点RWw）用于字传送。每次链接扫描的最大容量是2048位和512个字。在64个远程I/O站的情况下，链接扫描时间为3.7ms。稳定快速的通信速度是CC-Link的最大优势。CC-Link有足够卓越的性能应用于大范围系统。

4.1.2.2 多种拓扑结构

拓扑结构有多点接入、T型分支、星型结构3种类型，利用电缆及连接器能将CC-Link元件接入任何机器和系统。

4.1.2.3 组态简单

只需使用通用的PLC编程软件在主站程序中进行简单的参数设置，或者在具有组态功能的编程软件配置菜单中设置相应的参数，便可以完成系统组态和数据刷新的设定工作。

4.1.2.4 接线简单

系统接线时，仅需使用3芯双绞线与设备的两根通信线DA、DB和接地线DG的接线端子对应连接，另外接好屏蔽线SLD和终端电阻，即可完成一般系统的接线。

4.1.2.5 设置简单

系统需要对每一个站的站号、传输率及相关信息进行设置。CC-Link的每种兼容设备都有一块CC-Link接口卡，通过接口模块上相应的开关就可进行相关内容的设置，操作方便直观。

4.1.2.6 维护简单、运行可靠

由于接线、设置简单直观，含有丰富的RAS功能，使得CC-Link的维护更加方便，运行可靠性更高；其监视和自检测功能使CC-Link的维护和故障后恢复系统也变得方便和简单。

4.1.2.7　便于组建价格低廉的简易控制网

作为现场总线网络的 CC-Link 不仅可以连接各种现场仪表，而且还可以连接各种本地控制站 PLC 作为智能设备站。在各个本地控制站之间通信量不大的情况下，采用 CC-Link 可以构成一个简易的 PLC 控制网，与真正的控制网相比，价格极为低廉。

4.1.2.8　便于组建价格低廉的冗余网络

一些领域对系统的可靠性提出了很高的要求，这时往往需要设置主站和备用主站构成冗余系统。虽然 CC-Link 是一种现场级的网络，但是提供了很多高一等级网络所具有的功能，如可以对其设定主站和备用主站，由于其造价低廉，因此性价比较高。

4.1.2.9　适用于一些控制点分散、安装范围狭窄的现场

采用 CC-Link 连接分立的远程 I/O 模块，一层网络最多可以控制 64 个地方的 2048 点，总延长距离可达 7.6km。小型的输入、输出模块体积仅为 87.3mm×50mm×40mm，足以安装在极为狭窄的空间内。

4.1.2.10　适用于直接连接各种现场设备

由于 CC-Link 是一种现场总线网络，因此它可以直接连接各种现场设备。

4.1.3　通信协议

4.1.3.1　CC-Link 的通信方式

CC-Link 系统通信方式

CC-Link 的底层通信协议遵循 RS485 协议，采用循环通信和瞬时通信两种通信方式。一个 CC-Link 系统必须有一个主站而且也只能有一个主站，主站负责控制整个网络的运行。

循环通信：CC-Link 主要采用广播-轮询（循环传输）的方式进行通信。主站将刷新的数据（RY/RWw）发送给所有从站，与此同时轮询从站 1；从站 1 对主站的轮询做出响应（RX/RWr），同时将该响应告知其他从站；然后主站轮询从站 2（此时并不发送刷新数据），从站 2 做出响应，并将该响应告知其他从站；依次类推，循环往复。该方式的数据传输率非常高，最多发送 2048 位和 512 个字。

瞬时通信：采用专用指令实现一对一的通信，适用于循环通信的数据量不够用，或需要传送比较大的数据（最大为960字节）的情况。瞬时通信不会对广播轮询的循环扫描时间造成影响。瞬时通信可以由主站、本地站、智能设备站发起。

4.1.3.2 CC-Link 的链接元件

每一个 CC-Link 系统可以进行总计 4096 点的位、加上总计 512 点的字的数据的循环通信，通过这些链接元件以完成与远程 I/O、模拟量模块、人机界面、变频器等工业自动化设备产品间高速的通信。

CC-Link 的链接元件有远程输入（RX）、远程输出（RY）、远程寄存器（RWw）和远程寄存器（RWr）四种。

远程输入（RX）是指从远程站向主站输入开/关信号（位数据）。

远程输出（RY）是指从主站向远程站输出开/关信号（位数据）。

远程寄存器（RWw）是指从主站向远程站输出数字数据（字数据）。

远程寄存器（RWr）是指从远程站向主站输入数字数据（字数据）。

链接元件容量如表 4-1 所示。

表 4-1　链接元件容量

项目		规格
整个 CC-Link 系统最大链接点数	远程输入（RX）	2048 点
	远程输出（RY）	2048 点
	远程寄存器（RWw）	256 点
	远程寄存器（RWr）	256 点
每个站的链接点数	远程输入（RX）	32 点
	远程输出（RY）	32 点
	远程寄存器（RWw）	4 点
	远程寄存器（RWr）	4 点

4.1.4 CC-Link 系统的结构

CC-Link 系统结构

4.1.4.1 CC-Link 系统中站的类型

CC-Link 系统中各站的类型如表 4-2 所示。

表 4-2　CC-Link 系统中各站的类型

CC-Link 系统中各站的类型	内容
主站	控制 CC-Link 系统中的全部站，并需设定参数的站。每个系统中必须有 1 个主站，如 A/QnA/Q 系列 PLC 等
本地站	具有 CPU 模块，可以与主站及其他本地站进行通信的站，如 A/QnA/Q 系列 PLC 等
备用主站	主站出现故障时，接替作为主站并继续进行数据链接的站，如 A/QnA/Q 系列 PLC 等
远程 I/O 站	只能处理位信息的站，如远程 I/O 模块、电磁阀等
远程设备站	可处理位信息及字信息的站，如 A/D 转换模块、D/A 转换模块、变频器等
智能设备站	可处理位信息及字信息，而且也可完成不定期数据传送的站，如 A/QnA/Q 系列 PLC、人机界面等

4.1.4.2　CC-Link 的系统结构概述

一般情况下，CC-Link 网络由 1 个主站和 64 个从站组成，网络中的主站由 FX 系列以上的 PLC 担当，从站可以是远程 I/O 模块、特殊功能模块、带有 CPU 的 PLC 本地站、人机界面、变频器，以及各种测量仪表、阀门等现场仪表设备，整个系统通过屏蔽双绞线连接。

远程 I/O 站和远程设备站可与主站连接，其中远程 I/O 站仅处理位信息，而远程设备站可以处理位信息，也可以处理字信息。

CC-Link 系统通过专门的通信模块和专用的电缆将分散的 I/O 模块及特殊功能模块、智能设备等连接起来的，并通过主站 PLC 的 CPU 来控制和协调这些模块的工作，将每个模块分散到被控设备现场中。在传输线路两端的站上还需要连接终端电阻，以防止线路终端的信号反射。CC-Link 系统提供了 110Ω 和 130Ω 两种终端电阻。当使用 CC-Link 专用电缆时，终端站选用 110Ω 电阻；当使用 CC-Link 专用高性能电缆时，终端站选用 130Ω 电阻。CC-Link 的系统结构如图 4-1 所示。

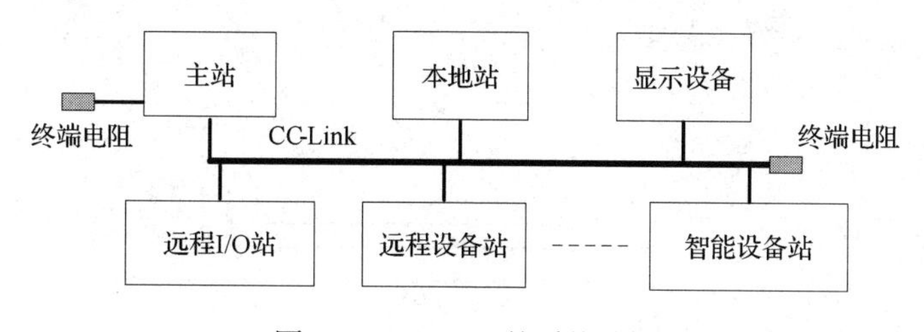

图 4-1　CC-Link 的系统结构

任务 4.2 三菱 Q 系列 PLC 与 FX 系列 PLC 的 CC-Link 控制系统的构建与运行

4.2.1 控制要求

三菱 Q 系列 PLC 的输入控制 FX 系列 PLC 的输出，FX 系列 PLC 的输入控制 Q 系列 PLC 的输出。主站 Q 系列 PLC 和从站 FX 系列 PLC 的 I/O 地址分配分别如表 4-3、表 4-4 所示。

表 4-3 主站 Q 系列 PLC 的 I/O 地址分配

序号	输入地址	功能	备注	序号	输出地址	功能	备注
1	X0	启动控制	控制从站 Y0	1	Y20	运行指示	从站控制
2	X1	停止控制	控制从站 Y1	2	Y21	停止指示	从站控制

表 4-4 从站 FX 系列 PLC 的 I/O 地址分配

序号	输入地址	功能	备注	序号	输出地址	功能	备注
1	X0	启动控制		1	Y0	运行指示	主站控制
2	X1	停止控制		2	Y1	停止指示	主站控制

4.2.2 CC-Link 的网络控制系统结构设计

在 CC-Link 网络控制系统中，选用三菱 Q00UCPU PLC 作为主站，FX_{3U}32MR PLC 作为从站。主站的 CC-Link 通信模块选用 QJ61BT11，从站的 CC-Link 通信模块选用 FX_{2N}-32CCL。主站与从站之间的通信网络如图 4-2 所示。

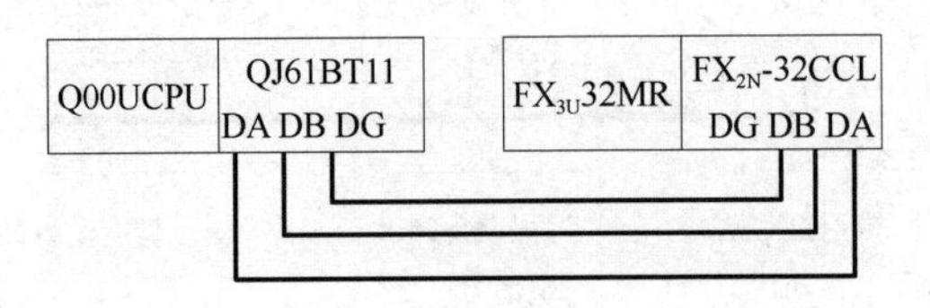

图 4-2 主站与从站之间的通信网络

用屏蔽双绞线电缆将各站的 DA 端与 DA 端、DB 端与 DB 端、DG 端与 DG 端进行连接。将每个站的 SLD 端与屏蔽双绞线电缆的屏蔽层相连。各站点的连线可从任一站点进行连接，与站编号无关。当 FX_{2N}-32CCL 作为最终站时，在 DA 端和 DB 端间接一个终端电阻。

4.2.3　CC-Link 通信硬件的组态

4.2.3.1　主站号、波特率设置

主站号一般设置为 0，备用主站号为 1～64，从站号为 1～64，如果设置了 0～64 之外的数值，"ERR" 灯亮起。在同一个系统中，各站的号不能设置为相同的号。主站号、波特率通过 QJ61BT11 面板的旋转开关进行设置，QJ61BT11 的面板如图 4-3 所示。

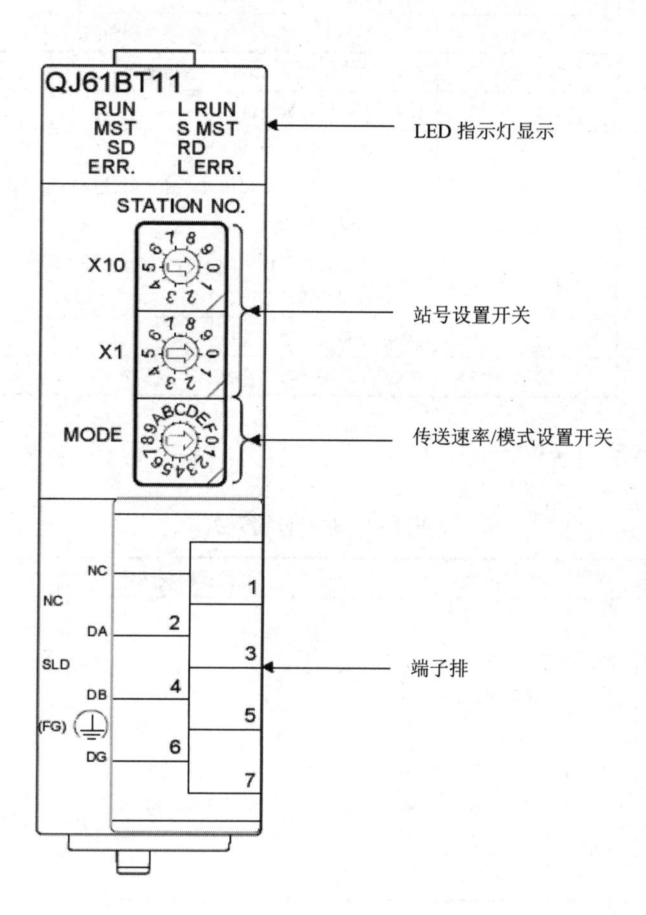

图 4-3　QJ61BT11 的面板

LED 指示灯显示说明如表 4-5 所示。

表 4-5　LED 指示灯显示说明

LDE 指示灯显示	LED 指示灯名称	说明
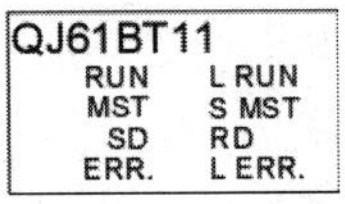 QJ61BT11 RUN　L RUN MST　S MST SD　RD ERR.　L ERR.	RUN	ON：模块正常运行时 OFF：警戒定时器出错时
	ERR	所有站有通信错误 发生下列错误时也会亮起： • 开关类型设置不对 • 在同一条线上有一个以上的主站 • 参数内容中有一个错误 • 激活了数据链接监视定时器 • 断开电缆连接或者传送路径受到噪声影响 如何检查错误来源参见 Q 系列 CC-Link 系统用户参考手册 闪烁：某个站有通信错误
	MST	ON：作为主站运行（数据链接控制期间）
	S MST	ON：作为备用主站运行（备用期间）
	L RUN	ON：正在进行数据链接
	L ERR	ON：通信错误（上位机） • 以固定的时间间隔闪烁，通电时改变站号设置开关和传送速率/模式设置开关的设置 • 以不固定的时间间隔闪烁——没有装终端电阻，模块和 CC-Link 专用电缆受到噪声影响
	SD	ON：正在进行数据发送
	RD	ON：正在进行数据接收

站号设置开关如表 4-6 所示。

表 4-6　站号设置开关

LDE 指示灯显示	设置模块站号
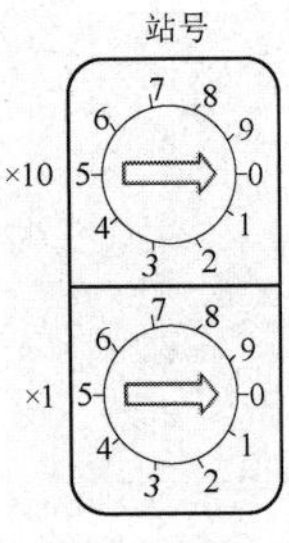 站号 ×10 ×1	主站：0 本地站：1～64 备用主站：1～64 如果设置了 0～64 之外的数字，“ERR” LED 指示灯亮

传送速率/模式设置开关如表 4-7 所示。

表 4-7　传送速率/模式设置开关

传送速率/模式设置开关	编号	传送速率设置/bps	模式
MODE	0	156k	在线
	1	625k	
	2	2.5M	
	3	5M	
	4	10M	
	5	156k	线路测试： 站号设置的开关为 0 时，进行测试 1 站号设置的开关为 1~64 时，进行测试 2
	6	625k	
	7	2.5M	
	8	5M	
	9	10M	
	A	156k	
	B	625k	硬件测试
	C	2.5M	
	D	5M	
	E	10M	
	F	不允许设置	

4.2.3.2　从站号、波特率设置

从站号、波特率通过 FX_{2N}-32CCL 面板的旋转开关进行设置，FX_{2N}-32CCL 的面板如图 4-4 所示。从站号由旋转开关进行设置，编号为 1～64，波特率也由旋转开关进行设置，主站和从站必须设置相同的波特率。

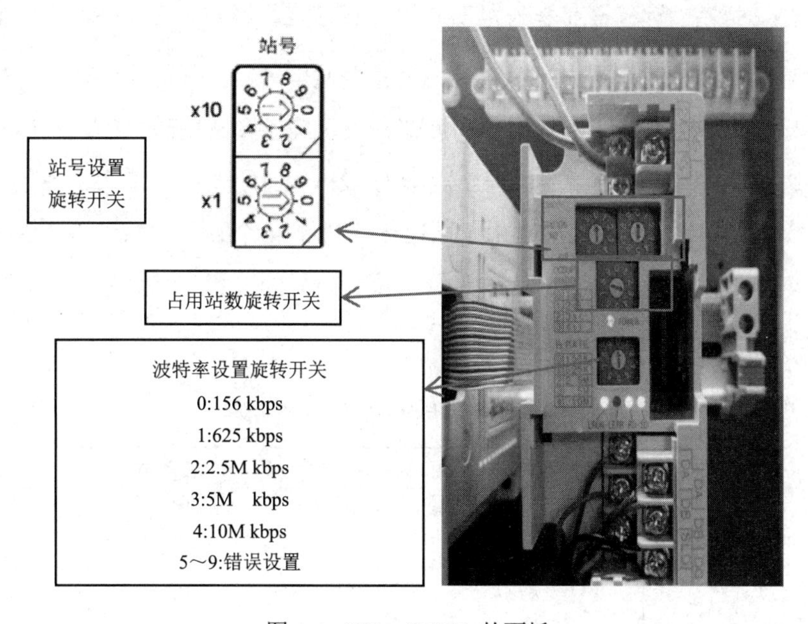

图 4-4　FX_{2N}-32CCL 的面板

4.2.3.3 从站占用站数设置

占用站数由旋转开关进行设置，如图 4-4 所示，旋转开关设置含义：0 表示 1 个站，1 表示 2 个站，2 表示 3 个站，3 表示 4 个站，4～9 不存在。图 4-4 所示实物图中的设置占用站数的旋转开关处于 3 位置，表示该从站占用 4 个站。

波特率也由旋转开关进行设置，波特率设置如表 4-8 所示。

表 4-8 波特率设置表

旋转开关	对应的波特率
0	156kbps
1	625kbps
2	2.5Mbps
3	5Mbps
4	10Mbps
5～9	错误设置

图 4-4 所示的实物图中设置波特率的旋转开关处于 0 位置，表示波特率为 156kbps。

4.2.3.4 远程站点数和远程寄存器编号

作为从站通信模块的 FX$_{2N}$-32CCL，远程站点数由所选的站数（1～4）决定。每站的远程站点分为 32 个远程输入点和 32 个远程输出点。但是最终点的高 16 位点作为系统区由 CC-Link 系统专用。每站的远程寄存器分为 4 个 RWr 读入点区域和 4 个 RWw 写出点区域。

在编制通信程序前，必须先汇总各站之间需要通信的数据与信号的数量。然后根据其数量通过拨动从站 FX$_{2N}$-32CCL 模块中的旋钮开关正确设置站数和站号。若从站 1 的站号是 1，站数选择 3，那么从站 1 的远程站点分为 128 个远程输入点和 128 个远程输出点，读、写远程寄存器各为 16 个。同时由于从站 1 占用了 4 个站，把站号 1～站号 4 都占用了，所以从站 2 的站号只能在 5～64 中选择。可见站号的设置与站数是有关联的。远程站点数和远程寄存器编号如表 4-9 所示。

表 4-9 远程站点数和远程寄存器编号

选择站数	类型	远程输入点	远程输出点	读远程寄存器	写远程寄存器
1	用户区	RX00～RX0F（16 点）	RY00～RY0F（16 点）	RWr0～RWr3（4 点）	RWw0～RWw3（4 点）
	系统区	RX10～RX1F（16 点）	RY10～RY1F（16 点）	—	—

续表

选择站数	类型	远程输入点	远程输出点	读远程寄存器	写远程寄存器
2	用户区	RX00～RX2F（48 点）	RY00～RY2F（48 点）	RWr0～RWr7（8 点）	RWw0～RWw7（8 点）
	系统区	RX30～RX3F（16 点）	RY30～RY3F（16 点）	—	—
3	用户区	RX00～RX4F（80 点）	RY00～RY4F（80 点）	RWr0～RWrB（12 点）	RWw0～RWwB（12 点）
	系统区	RX50～RX5F（16 点）	RY50～RY5F（16 点）	—	—
4	用户区	RX00～RX6F（112 点）	RY00～RY6F（112 点）	RWr0～RWrF（16 点）	RWw0～RWwF（16 点）
	系统区	RX70～RX7F（16 点）	RY70～RY7F（16 点）	—	—

4.2.3.5　FX_{2N}-32CCL 模块的缓冲存储器

FX_{2N}-32CCL 接口模块通过由 16 位 RAM 存储支持的内置缓冲存储器（BFM）在 FX 系列 PLC 与 CC-link 系统主站之间进行数据传送。缓冲存储器由专用写缓冲存储器和专用读缓冲存储器组成。专用写缓冲存储器和专用读缓冲存储器均有编号为#0～#31 的 32 个缓冲存储器。其中用于用户数据传送的主要是#0～#23。编号 0～31 被分别分配给每一种缓冲存储器。

通过 TO 指令，从站 FX_PLC 可将数据从 FX_PLC 写入专用写缓冲存储器，然后将数据传送给主站；通过 FROM 指令，从站 FX_PLC 可从专用读缓冲存储器中将主站传来的数据读出并传输到 FX_PLC 中。

1. 专用写缓冲存储器

专用写缓冲存储器用于本地站向缓冲区写入数据，其编号分配如表 4-10 所示。

表 4-10　专用写缓冲存储器的编号分配

编号	说明	编号	说明
#0	远程输入 RX00～RX0F（设定站）	#16	远程寄存器 RWr8（设定站+2）
#1	远程输入 RX10～RX1F（设定站）	#17	远程寄存器 RWr9（设定站+2）
#2	远程输入 RX20～RX2F（设定站+1）	#18	远程寄存器 RWrA（设定站+2）
#3	远程输入 RX30～RX3F（设定站+1）	#19	远程寄存器 RWrB（设定站+2）
#4	远程输入 RX40～RX4F（设定站+2）	#20	远程寄存器 RWrC（设定站+3）

续表

编号	说明	编号	说明
#5	远程输入 RX50～RX5F（设定站+2）	#21	远程寄存器 RWrD（设定站+3）
#6	远程输入 RX60～RX6F（设定站+3）	#22	远程寄存器 RWrE（设定站+3）
#7	远程输入 RX70～RX7F（设定站+3）	#23	远程寄存器 RWrF（设定站+3）
#8	远程寄存器 RWr0（设定站）	#24	未定义（禁止写）
#9	远程寄存器 RWr1（设定站）	#25	未定义（禁止写）
#10	远程寄存器 RWr2（设定站）	#26	未定义（禁止写）
#11	远程寄存器 RWr3（设定站）	#27	未定义（禁止写）
#12	远程寄存器 RWr4（设定站+1）	#28	未定义（禁止写）
#13	远程寄存器 RWr5（设定站+1）	#29	未定义（禁止写）
#14	远程寄存器 RWr6（设定站+1）	#30	未定义（禁止写）
#15	远程寄存器 RWr7（设定站+1）	#31	保留

专用写缓冲存储器编号的具体说明如下所述。

#0～#7（远程输入 RX00～RX7F）：每个缓冲存储器都有 16 个远程输入点。从站写数据到主站，首先要将信息传送到专用写缓冲存储器中，从站 PLC 通过 TO 指令完成。在 FX_{2N}-32CCL 模块中，远程输入的点数范围（RX00～RX7F）取决于选择的站数（1～4），如表 4-9 所示。

#8～#23（远程寄存器 RWr0～RWrF）：分别分配一个编号为 RWr0～RWrF 的远程存储器，#8～#23 缓冲存储器里存有的信息是 PLC 要写到主站的内容，从站 PLC 通过 TO 指令完成。在 FX_{2N}-32CCL 模块中，远程输入的点数范围（RX00～RX7F）取决于选择的站数（1～4），如表 4-9 所示。

2. 专用读缓冲存储器

专用读缓冲存储器用于本地站从缓冲区读取数据，其编号分配如表 4-11 所示。

表 4-11 专用读缓冲存储器的编号分配

编号	说明	编号	说明
#0	远程输出 RY00～RY0F（设定站）	#16	远程寄存器 RWw8 （设定站+2）
#1	远程输出 RY10～RY1F（设定站）	#17	远程寄存器 RWw9（设定站+2）
#2	远程输出 RY20～RY2F（设定站+1）	#18	远程寄存器 RWwA（设定站+2）
#3	远程输出 RY30～RY3F（设定站+1）	#19	远程寄存器 RWwB（设定站+2）
#4	远程输出 RY40～RY4F（设定站+2）	#20	远程寄存器 RWwC（设定站+3）
#5	远程输出 RY50～RY5F（设定站+2）	#21	远程寄存器 RWwD（设定站+3）
#6	远程输出 RY60～RY6F（设定站+3）	#22	远程寄存器 RWwE（设定站+3）

续表

编号	说明	编号	说明
#7	远程输出 RY70～RY7F（设定站+3）	#23	远程寄存器 RWwF（设定站+3）
#8	远程寄存器 RWw0（设定站）	#24	波特率设置值
#9	远程寄存器 RWw1（设定站）	#25	通信状态
#10	远程寄存器 RWw2（设定站）	#26	CC-Link 模块代码
#11	远程寄存器 RWw3（设定站）	#27	本站的编号
#12	远程寄存器 RWw4（设定站+1）	#28	占用站数
#13	远程寄存器 RWw5（设定站+1）	#29	出错代码
#14	远程寄存器 RWw6（设定站+1）	#30	FX 系列模块代码（K7040）
#15	远程寄存器 RWw7（设定站+1）	#31	保留

专用读缓冲存储器编号的具体说明如下所述。

#0～#7（远程输出 RY00～RY7F）：每个缓冲存储器都有 16 个远程输出点，每点的 ON/OFF 状态信息分别表示主站写给 FX_{2N}-32CCL 模块的远程输出内容。从站 PLC 通过 FROM 指令将这些信息读入 PLC。在 FX_{2N}-32CCL 模块中，远程输出的点数范围（RY00～RY7F）取决于选择的站数（1～4），如表 4-9 所示。

#8～#23（远程寄存器 RWw0～RWwF）：分别分配一个编号为 RWw0～RWwF 的远程存储器，#8～#23 缓冲存储器里存有的信息是主站写给 FX_{2N}-32CCL 模块有关远程寄存器的内容。在 FX_{2N}-32CCL 模块中，远程输出的点数范围（RWw0～RWwF）取决于选择的站数（1～4），如表 4-9 所示。

#24（波特率设置值）：用于保存 FX_{2N}-32CCL 模块中的波特率设置开关的设定值，取值为 0～4，分别对应 156kbps、625kbps、2.5Mbps、5Mbps、10Mbps。只有当 PLC 重新上电后，设定值才有效。

#25（通信状态）：#25 的 b0～b15 位保存主站 PLC 的通信状态信息。只有执行链接通信状态时，主站 PLC 的信息才有效，#25 的位功能如表 4-12 所示。

表 4-12　#25 的位功能

位	功能	位	功能
b0	CRC 错误	b8	主站 PLC 正在进行
b1	超时错误	b9	主站 PLC 出错
b2～b6	保留	b10～b15	保留
b7	链接正在执行		

#26（CC-Link 模块代码）：CC-Link 系统中的识别码、FX_{2N}-32CCL 系统软件版本号。

#27（本站的编号）：用于保存 FX_{2N}-32CCL 模块中站号设置开关的设定值，取值为 1~64，只有当 PLC 重新上电后才有效。

#28（占用站数）：用于保存 FX_{2N}-32CCL 模块中占用站数设置开关的设定值，取值为 0～3，分别对应 1 个站、2 个站、3 个站和 4 个站，只有当 PLC 重新上电后才有效。

#29（出错代码）：其位功能如表 4-13 所示。

表 4-13　#29 的位功能

位	功能	位	功能
b0	站号设置错误	b5	波特率改变错误
b1	波特率设置错误	b6、b7	保留
b2、b3	保留	b8	无外部 24V 供电
b4	站号改变错误	b9～b15	保留

3. TO 指令

通过 TO 指令，从站 FX_PLC 可将数据从 FX_PLC 中写入专用写缓冲存储器，然后将数据传送给主站。

位元件数据的“写”指令为 TO　K0　K0　K4M100　K1，具体说明如下所述。

K0：模块位值 0（取值为 0～7，也就是 PLC 右边第 1 个特殊模块）。

K0：#0（0 号缓冲存储器）。

K4M100：源数据存储地址是 PLC 的 M100～M115。

K1：传送点数是 1（以 16 位或 32 位为单位），写 1 个缓冲存储器数据。

该 TO 指令的作用：PLC 的 M100～M115 的值写入特殊单元（或模块）n0.0 的 0 号缓冲寄存器（BFM）中。

字元件数据的“写”指令为 TO　K1　K0　D0　K2，具体说明如下所述。

K1：模块位值 1（取值为 0～7，也就是主机右边第 2 个特殊模块）。

K2：#2（2 号缓冲存储器）。

D0：源寄存器起始地址编号。

K2：传送点数是 2，写两个缓冲存储器数据。

该 TO 指令的作用：PLC 的 16 位寄存器 D0、D1 的数值分别写入特殊单元（或模块）n0.1 的 2 号、3 号缓冲寄存器中。

4. FROM 指令

通过 FROM 指令，从站 FX_PLC 可从专用读缓冲存储器中将主站传来的数据读出并传输到 FX_PLC 中。

位元件数据的“读”指令为 FROM　K0　K0　K4M0　K1，具体说明如下所述。

K0：模块位值 0（取值为 0～7，也就是 PLC 右边第 1 个特殊模块）。

K0：要读取的源数据首地址是缓冲区的#0（0 号缓冲存储器）。

K4M0：数据存放的目标地址是 PLC 的 M0～M15。

K1：传送点数是 1（以 16 位或 32 位为单位），读 1 个缓冲存储器数据。

该 FROM 指令的作用：PLC 读取缓冲区#0 的 16 位数据保存在 PLC 的 M0～M15 中。

字元件数据的“读”指令为 FROM　K1　K8　D0　K2，具体说明如下所述。

K1：模块位值 1（取值为 0～7，也就是主机右边第 2 个特殊模块）。

K8：#8（8 号缓冲存储器）。

D0：数据存放的目标地址是 D0。

K2：传送点数是 2，读两个缓冲存储器数据。

该 FROM 指令的作用：PLC 读取缓冲区 8 号、9 号缓冲存储器的数据，保存在 PLC 的 D0、D1 中。

4.2.4　CC-Link 通信网络的组态

三菱 Q 系列 PLC 和 FX 系列 PLC 进行 CC-Link 通信，需要在作为主站的 Q 系列 PLC 中进行组态，而在作为从站的 FX 系列 PLC 中只需要用 FROM/TO 指令进行简单编程就能经 FX_{2N}-32CCL 模块中的缓冲存储器进行数据读/写。

（1）组态 Q 系列 PLC。打开“MELSOFT GX Works 2”软件，打开“新建工程”对话框，如图 4-5 所示，选择“PLC 系列”[“QCPU（Q 模式）”]、“PLC 类型”（“Q00U”），单击“确定”按钮进入编程界面。

（2）组态主站 PLC 参数。选择“工程”→“参数”→“PLC 参数”命令，打开“Q 参数设置”对话框，如图 4-6 所示，组态 Q 系列 PLC 的参数。在“I/O 分配”选区，根据 Q

系列 PLC 各模块的挂接位置，选择与插槽位置相对应的模块类型，选择各模块匹配的“点数”，并分配“起始 XY”。输入模块和输出模块根据实物点数进行选择。单击“PLC 数据读取”按钮，然后在“起始 XY”文本框中填写以下数据：在“输入”的“起始 XY”文本框中填写 0000，在“输出”的“起始 XY”文本框中填写 0020，在“智能”的“起始 XY”文本框中填写 00A0。单击“检查”按钮，确认无误后，单击“设置结束”按钮。

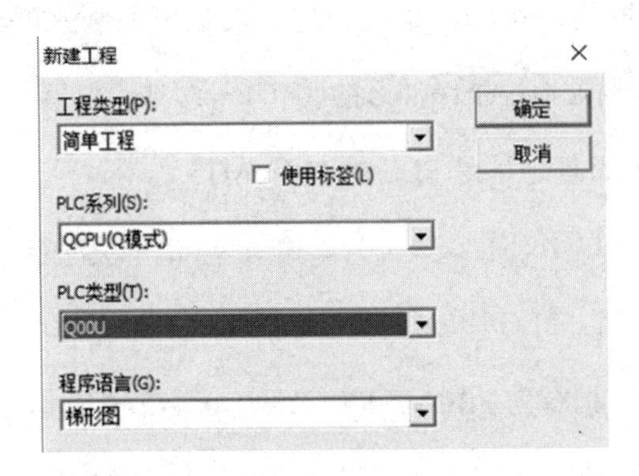

图 4-5 “新建工程”对话框

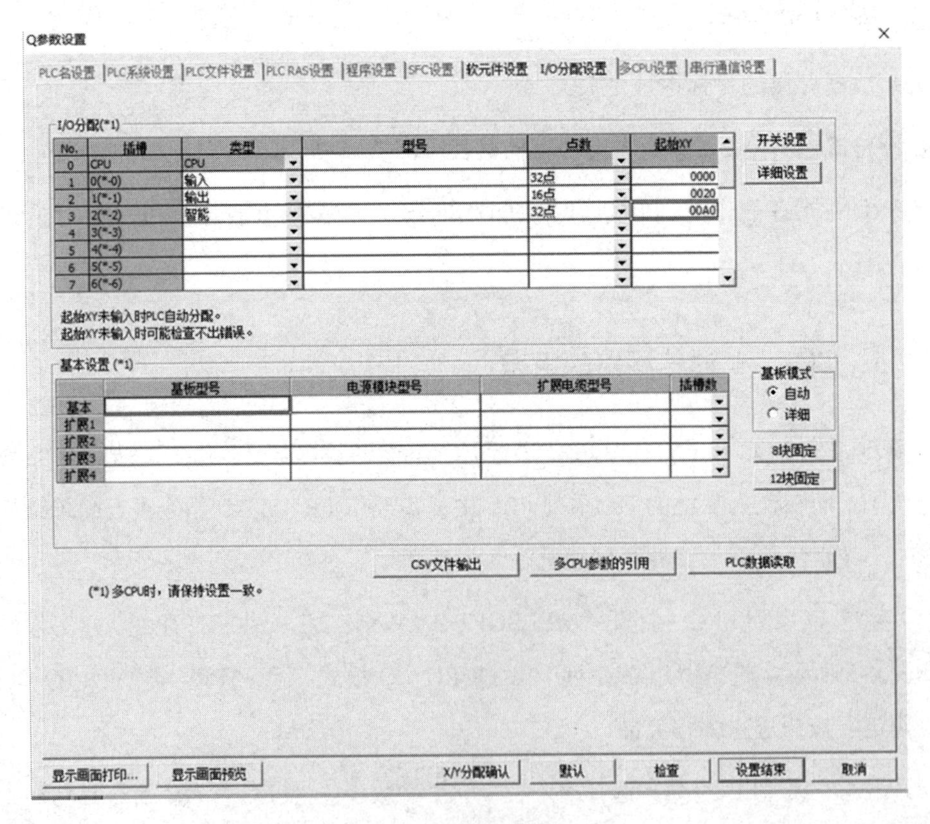

图 4-6 “Q 参数设置”对话框

（3）组态网络参数。选择“工程”→“参数”→“网络参数”→“CC-Link”命令，打开“网络参数 CC-Link 一览设置”对话框，如图 4-7 所示，参数设置说明如下所述。

网络参数 CC-Link 一览设置

模块块数 1 块　空白:无设置　□ 在CC-Link配置窗口中设置站信息

	1
起始I/O号	00A0
运行设置	运行设置
类型	主站
数据链接类型	主站CPU参数自动起动
模式设置	远程网络(Ver.1模式)
总连接台数	1
远程输入(RX)刷新软元件	M0
远程输出(RY)刷新软元件	M128
远程寄存器(RWr)刷新软元件	D0
远程寄存器(RWw)刷新软元件	D100
Ver.2远程输入(RX)刷新软元件	
Ver.2远程输出(RY)刷新软元件	
Ver.2远程寄存器(RWr)刷新软元件	
Ver.2远程寄存器(RWw)刷新软元件	
特殊继电器(SB)刷新软元件	
特殊寄存器(SW)刷新软元件	
重试次数	3
自动恢复台数	1
待机主站站号	
CPU宕机指定	停止
扫描模式指定	非同步
延迟时间设置	0
站信息设置	站信息
远程设备站初始设置	初始设置
中断设置	中断设置

图 4-7　“网络参数 CC-Link 一览设置”对话框

模块块数：根据通信模块的数量选择“模块块数”，本例只有一块 QJ61BT11 模块，设置为 1。

起始 I/O 号：填写内容为在“I/O 分配设置”选项卡的界面中“智能”模块（通信模块）所分配的“起始 XY”，即“00A0”，必须与 QJ61BT11 模块的起始地址相同。

类型：可以选择“主站”或“备用主站”，本例选择“主站”。

模式设置：选择“远程网络（Ver.1 模式）”。

总连接台数：根据实际选择从站数量，本例 1 个从站，设置为 1。

远程输入（RX）刷新软元件：读位元件的首地址，填入 M0。

远程输出（RY）刷新软元件：写位元件的首地址，填入 M128。

远程寄存器（RWr）刷新软元件：读字元件的首地址，填入 D0，

远程寄存器（RWw）刷新软元件：写字元件的首地址，填入 D100。

（4）组态“站信息设置”。单击“站信息设置”选项同行的“站信息”选项，设置站信息，如图 4-8 所示。“站类型”选择“远程设备站”；占用站数和远程站点数是由在 FX2N-32CCL 模块中的站号和站数的设置决定的，必须一致。最后单击“检查”按钮，确认无误后单击“设置结束”按钮。

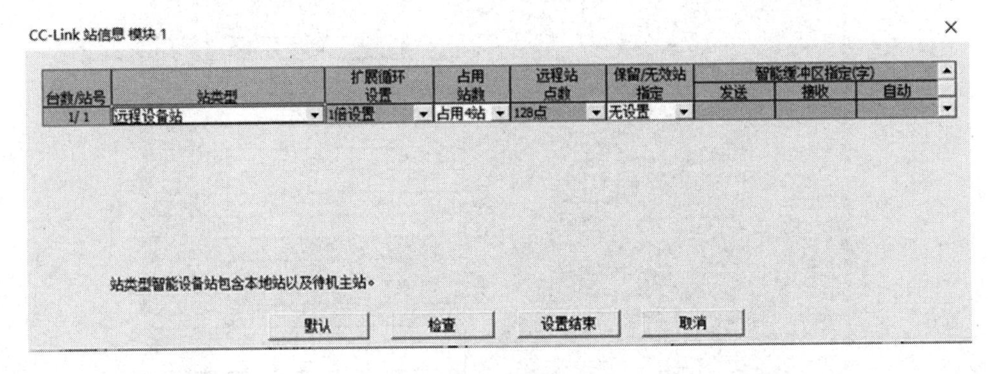

图 4-8　设置站信息

（5）网络参数组态完后，单击“检查”按钮，确认无误后，单击“设置结束”按钮，这样 PLC 的通信组态就完成了。

（6）展开“在线”下拉菜单，如图 4-9 所示，选择“PLC 写入”选项，出现如图 4-10 所示的“在线数据操作”对话框。单击“参数+程序”按钮，再单击“执行”按钮，将组态信息及程序下载到 PLC 中。

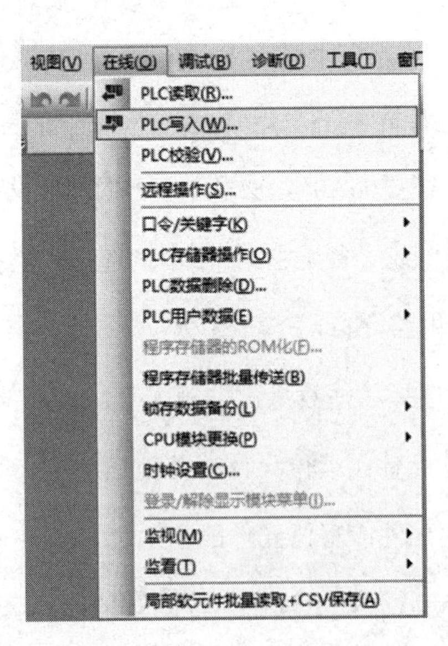

图 4-9　“在线”下拉菜单

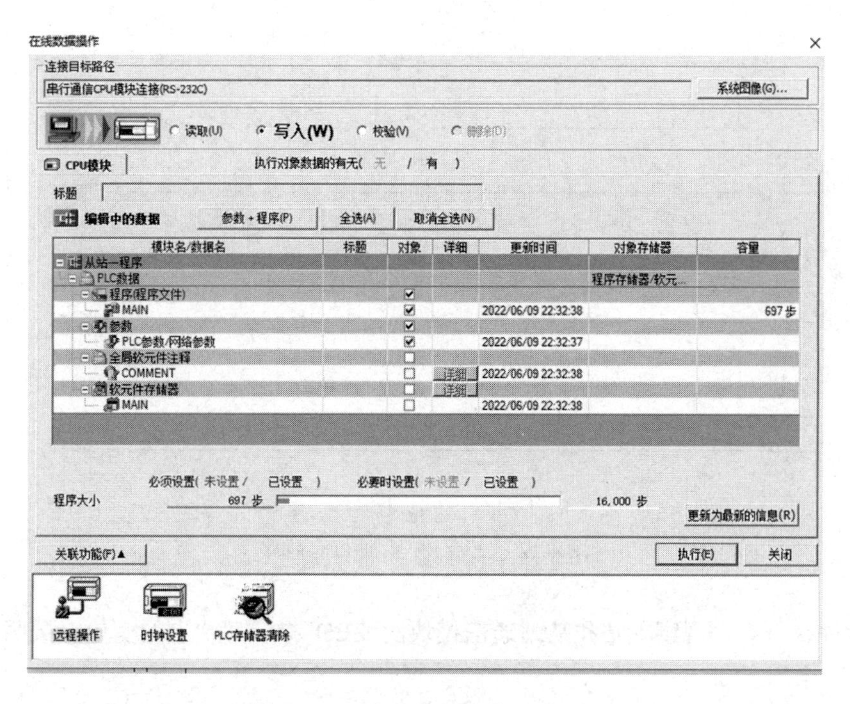

图 4-10　“在线数据操作”对话框

4.2.5　软件编程与运行调试

按已经分配好的 I/O，根据控制要求编写程序。编写的三菱 Q 系列 PLC 程序如图 4-11 所示。编写的三菱 FX 系列 PLC 程序如图 4-12 所示。

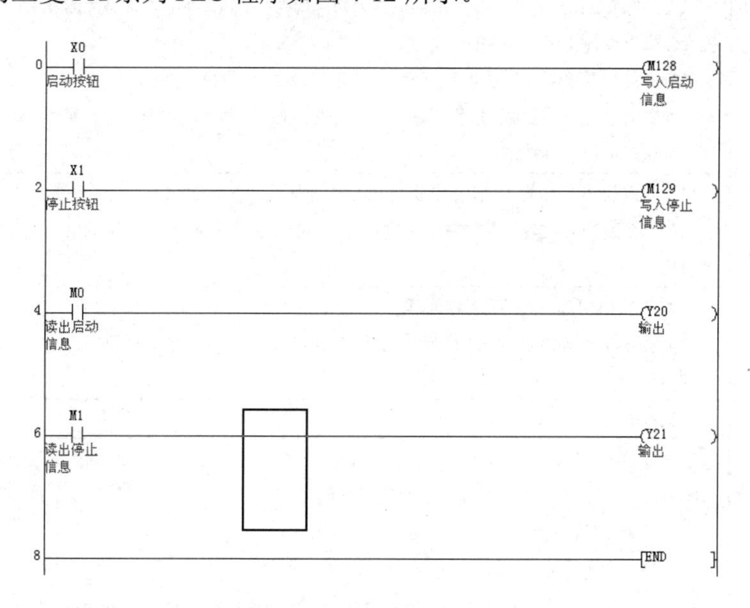

图 4-11　三菱 Q 系列 PLC 程序

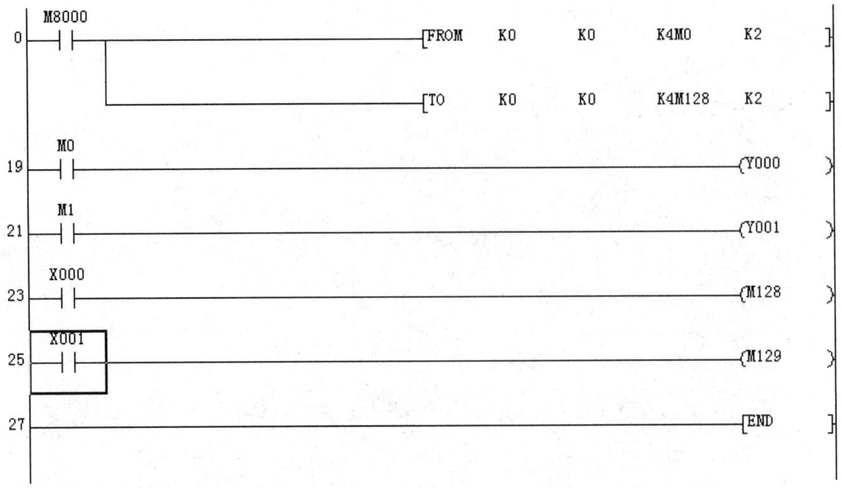

```
     M8000
0  ──┤├──┬──────────────────[FROM  K0   K0   K4M0    K2 ]
         │
         └──────────────────[TO    K0   K0   K4M128  K2 ]
     M0
19 ──┤├─────────────────────────────────────(Y000 )
     M1
21 ──┤├─────────────────────────────────────(Y001 )
     X000
23 ──┤├─────────────────────────────────────(M128 )
     X001
25 ──┤├─────────────────────────────────────(M129 )

27 ─────────────────────────────────────────[END ]
```

图 4-12　三菱 FX 系列 PLC 程序

当程序执行时，观察主站和从站通信模块的 LED 指示灯状态的变化，按照控制要求调试程序。

实训 4.1　Q 系列 PLC 与 FX 系列 PLC 的 CC-Link 控制系统构建

工作任务	Q 系列 PLC 与 FX 系列 PLC 的 CC-Link 控制系统构建	备注
注意事项	安全注意事项： （1）严格遵守实训设备、专用工具的安全操作规程，严防人身、设备事故的发生，请勿触摸交流供电设备及交流接线端子 （2）不能带电操作，在通电情况下，不能进行接线、不能触摸交流供电设备 （3）实训结束后，必须收拾整理好工具、仪表、工件、导线等实训设备，保持实训台、地面和周边环境的干净整齐	
任务描述	（1）Q 系列 PLC 作为主站，FX 系列 PLC 作为从站，组成 CC-Link 控制系统 （2）Q 系列 PLC 的输入控制 FX 系列 PLC 的输出，FX 系列 PLC 的输入控制 Q 系列 PLC 的输出	
实训目标	（1）熟悉 CC-Link 通信的工作原理 （2）熟悉 Q 系列 PLC 与 FX 系列 PLC 构建 CC-Link 控制系统的硬件组态方法及软件编程方法	
通信设备	Q 系列 PLC、FX 系列 PLC	
任务实施	（1）Q 系列 PLC 作为主站，FX 系列 PLC 作为从站，主站的 CC-Link 通信模块选用 QJ61BT11，从站的 CC-Link 通信模块选用 FX_{2N}-32CCL （2）设置站号、波特率、从站站数 （3）在主站的 Q 系列 PLC 中进行通信网络参数组态 （4）从站的 FX 系列 PLC 通过 FROM/TO 指令完成读取/写入主站数据程序，实现主站控制从站、从站控制主站的功能	

续表

工作任务	Q 系列 PLC 与 FX 系列 PLC 的 CC-Link 控制系统构建	备注
考核要素	（1）CC-Link 网络连接图 （2）PLC 主站通信网络参数组态 （3）PLC 主站读、写 PLC 从站数据的软件实现方法 （4）PLC 从站读、写 PLC 主站数据的软件实现方法	
实训总结	（1）通过本实训你学到的知识点、技能点有哪些 （2）不理解哪些内容 （3）你认为在哪些方面还有进一步深化的必要	
老师评价		

思考与练习

1．什么是 CC-Link 现场总线？它是如何工作的？

2．CC-Link 网络是怎样组成的？采用何种通信方式？

3．循环通信方式和瞬时通信方式有什么区别？

4．在 CC-Link 现场总线中，什么是远程 I/O 站？什么是远程设备站？

5．试分析当 FX 系列 PLC 作为主站单元时，CC-Link 系统的最大配置情况。

6．为什么要在网络终端连接终端电阻？如何选择？

7．在 CC-Link 系统中，为什么要设置备用主站功能？

8．简述在 CC-Link 系统中，PLC、主站缓冲存储器和远程 I/O 站之间的关系。

9．设计一个控制系统，采用循环通信方式，要求主站能读取 1 号设备站的两个输入信号，并能控制远程 1 号站的两个输出信号。

10．设计一个控制系统，采用远程 I/O 网络模式，要求主站能读取 1 号设备站的两个输入信号，并能控制远程 2 号站的两个输出信号。

11．设计三菱 FX 系列 PLC 之间的 CC-Link 控制系统。

12．设计三菱 Q 系列 PLC 之间的 CC-Link 控制系统。

项目 5　工业以太网控制系统的构建与运行

学习目标

1. 知识目标

- 了解工业以太网的概念、特点。
- 了解 PROFINET 技术的特点。
- 了解 Modbus TCP 技术的特点。
- 熟悉 PROFINET 网络控制系统的构建。
- 熟悉 Modbus TCP 网络控制系统的构建。

2. 能力目标

- 掌握 PROFINET 网络控制系统的构建与运行方法。
- 掌握 Modbus TCP 网络控制系统的构建与运行方法。

3. 素质目标

- 具有为祖国建设事业而刻苦学习的责任感和自觉性。
- 具备较强的自学、听课、概括总结等学习能力。
- 具有独立分析问题和解决问题的能力。
- 具有一定的创新意识。
- 遵守劳动纪律，具有环境意识、安全意识。

项目引入

现场总线技术大大推动了工业控制技术的发展，解决了传统集散控制系统存在的问题。随着工业互联网技术的发展，传统的现场总线技术呈现出网络带宽不足、系统复杂等局限性，业界亟须对现场总线技术进行改进，以适应现代工业技术的发展。在此背景下，工业以太网技术应运而生。

任务 5.1　工业以太网技术认知

5.1.1　工业以太网的产生及认知

工业以太网技术

工业以太网是以太网技术向控制网络延伸的产物，是工业应用环境下信息网络与控制网络的结合。一般来讲，工业以太网是指在技术上与商用以太网（IEEE 802.3 标准）兼容，在产品设计时，在材质的选用、产品的强度，以及网络的实时性、可靠性、抗干扰性和安全性等方面能满足工业现场要求。

工业以太网是工业环境中一种有效的子网，它既适用于管理级，又适用于单元级。在自动化领域中，越来越多的企业需要建立包含从工厂设备层到控制层、管理层等各个层次的综合自动化网络管控平台，建立以工业控制网络技术为基础的企业信息化系统。

工业以太网是专为工业而设计、适用于工业现场环境的控制网络。以太网技术经过多年的发展，特别是它在互联网中的广泛应用，使得它的技术更为成熟，并得到了广大开发商与用户的认同，无论是在技术上还是在产品价格上，以太网较之其他类型的网络技术都具有明显的优势。随着网络技术的发展，控制网络与普通计算机网络、互联网的联系更为密切。控制网络技术需要考虑与计算机网络连接的一致性，需要提高对现场设备通信能力的要求，这些都是控制网络设备的开发者与制造商把目光转向以太网技术的重要原因。以太网要用于工业控制，在设计与制造过程中必须充分考虑并满足工业网络应用的需求。

5.1.2　工业以太网的要求

工业以太网是一种典型的工业通信网络，与商用以太网相比，工业以太网具有下列特殊要求：

- 网络安全性。
- 互操作性。
- 总线供电。

- 远距离传输。
- 控制网络结构具有高度分散性。
- 要求有高实时性与良好的时间确定性。
- 设备的可靠性与环境适应性。
- 传送信息多为短帧信息，且信息交换频繁。
- 容错能力强，可靠性好、安全性好。
- 控制网络协议简单实用，工作效率高。
- 控制设备的智能化与控制功能的自治性。
- 与信息网络之间有高效率的通信，易于实现与信息网络的集成。

5.1.3 工业以太网的优势

1. 成本低廉

由于以太网的应用非常广泛，受到硬件开发商与生产制造商的广泛支持和高度关注，因此有很多相对应的硬件产品供用户选择，相对来讲，价格也较现场总线网络的产品低廉。

2. 应用广泛

以太网是当前应用最为广泛的计算机网络，拥有强大的售后技术支持，最典型的以太网应用形式为 Ethernet+TCP/IP+Web。几乎所有的编程语言都支持 Ethernet 的应用开发。

3. 软硬件资源丰富

以太网已被应用多年，人们对以太网的设计、应用等方面有诸多的经验，对其他的计算也比较熟悉，大量的设计经验和软件资源可以有效地降低开发费用，从而显著降低了系统的整体成本，并且快速地提升了系统的开发和推广速度。

4. 传输率大

当前以太网的传输率是 10Mbps，100Mbps 的快速以太网已经开始广泛应用，1000Mbps

以内的以太网技术也逐渐成熟。目前，10Gbps 以太网也开始应用，其传输率比当前现场总线的大很多。

5. 可持续发展能力强

以太网的广泛使用，使得它一直得到大量的技术投入和重视，形成全球性的技术支持服务。在当前这个瞬息万变的信息时代，企业的发展与生存在很大程度上依赖于一个快速而有效的通信网络管理。在未来，信息技术与通信技术的发展将更加迅速，也更加成熟，因此保证了以太网技术的不断创新与进步。

6. 易于实现管控一体化

以太网易于实现控制网络与信息网络的无缝集成，建立统一的企业网络，能使嵌入式控制器、智能现场传感器和测控仪表等方便地接入以太网。

5.1.4　工业以太网应用于工业现场的关键问题

1. 通信的实时性

以太网采用 CSMA/CD 总线访问机制，遇到碰撞时无法保证信息及时发送出去，这种平等竞争的介质访问控制方式不能满足工业自动化领域对通信的实时性要求，因此需要有针对这一问题的切实可行的解决方案。

2. 对环境的适应性与可靠性

以太网是按办公环境设计的，将它用于工业控制环境，其环境适应能力、抗干扰能力等是从事自动化行业的专业人士所关注的问题。像 RJ45 一类的连接器，在工业上应用非常容易损坏，应该采用带锁紧机构的连接器，使设备具有更好的抗振动、抗疲劳能力。在产品设计时要考虑各种环境因素，使参数能满足工业现场的要求。

3. 总线供电

在控制网络中，现场控制设备的位置分散性使得它们对总线有提供工作电源的要求。现有的许多控制网络技术都可以利用网线对现场设备供电。工业以太网目前没有对网络节点供电做出规定。一种可能的方案是利用现有的 5 类双绞线中的一对空闲线供电。一般在工业应用环境下，要求采用直流 10～36V 低压供电。

4. 本质安全

工业以太网如果要用在一些易燃易爆的危险工业场所中，就必须考虑本安防爆问题，这是在总线供电问题解决之后要进一步解决的问题。

以太网技术用于工业现场虽然存在上述问题，但并不意味着以太网就不能用于现场控制层，事实上，以太网在很多对时间要求不是非常苛刻的现场层，已有很多成功的应用范例。而且随着以太网技术的发展和标准的进步，以太网在工业环境中应用存在的问题正在逐渐得到完善和解决，例如，采用专用的工业以太网交换机、定义不同的以太网帧优先等级，让用户所希望的信息能够以最快的速度传送出去；网络采用双绞线电缆、光缆等传输介质，以提高网络的抗干扰能力和可靠性。

事实上，在工业数据通信与控制网络中，直接采用以太网作为控制网络的通信技术只是工业以太网发展的一个方面，现有的许多现场总线控制网络都提出了与以太网结合的方案，用以太网作为现场总线网络的高速网段，从而使控制网络能与互联网融为一体。

在控制网络中，采用以太网技术无疑有助于控制网络与互联网的融合，使控制网络无须经过网关转换即可直接与互联网连接，使测控节点也能成为互联网的节点。在控制器、测量变送器、执行器、I/O 卡等设备中，嵌入以太网通信接口、嵌入 TCP/IP 协议、嵌入 Web 服务器，便可形成支持以太网、TCP/IP 协议和 Web 服务器的互联网现场节点。在应用层协议尚未统一的环境下，借助 IE 等通用的网络浏览器实现对生产现场的监视与控制，进而实现远程监控，也是人们提出且正在实现的一种有效的解决方案。

5.1.5 实时以太网

根据设备应用场合，按照实时性要求可将工业自动化系统划分为以下 3 个范围。

（1）信息集成和较低要求的过程自动化应用场合，实时响应时间要求是 100ms 或更长。

（2）绝大多数的工厂自动化应用场合，实时响应时间要求最少为 5～10ms。

（3）对于高性能的同步运动控制，特别是在 100 个节点以下的伺服运动控制应用场合中，实时响应时间要求低于 1ms，同步传送和抖动小于 1μs。

研究表明，工业以太网的响应时间可以满足绝大多数工业过程的控制要求，但对于响应时间小于 4ms 的应用，工业以太网已不能胜任。为了满足工业控制实时性的要求，各大公司和标准组织纷纷提出各种提升工业以太网实时性的技术解决方案，这些方案建立在 IEEE 802.3 标准的基础上，通过对其相关标准的实时扩展，提高以太网的实时性，并且做到与标准以太网的无缝连接，这就是实时以太网（Real Time Ethernet，RTE）。

为了规范实时以太网工作的行为，2003 年 5 月，IEC/SC65C 专门成立了 WG11 实时以太网工作组，负责制定 IEC 61784-2 国际标准，该标准中包括 Ethernet/IP、PROFINET、P-NET、INTERBUS、VNET/IP、TCnet、EtherCAT、Ethernet POWERLINK、EPA、Modbus TCP 及 SERCOS 11 种实时以太网行规集。

我国制定的《用于工业测量与控制系统的 EPA 系统结构与通信规范》，规定了网络的时间同步精度为 8 个等级，具体如下所述。

0：无精度要求；1：时间同步精度<1s；2：时间同步精度<100ms；3：时间同步精度<10ms；4：时间同步精度<1ms；5：时间同步精度<100μs；6：时间同步精度<10μs；7：时间同步精度<1μs。

据美国权威调查机构报告，今后以太网不仅继续垄断商业计算机网络和工业控制系统的上层网络通信市场，而且必将领导未来现场控制设备的发展，Ethernet 协议和 TCP/IP 协议将成为器件总线和现场设备总线的基础协议。

5.1.6 几种主要的工业以太网

工业以太网出现了多种不同的以太网技术，如 PROFINET、Modbus TCP、EtherCAT、EtherNet/IP、HSE 等，这些网络在不同层次上基于不同的技术和协议，每种技术的背后都有不同的制造商在支持，这就导致了多种工业以太网技术并存的局面。

5.1.6.1 PROFINET

PROFINET 技术

PROFINET 协议是由德国西门子公司推出的开放性标准，它将原有的 PROFIBUS 与互联网技术结合，形成了 PROFINET 的网络方案，用于实现基于工业以太网的集成自动化，其标准涵盖了控制器各个层次的通信，其中包括 I/O 设备的普通自动控制领域和功能更加强大的运动控制领域。2001 年发布了其工业以太网的规范，称为 PROFINET。

PROFINET 基于工业以太网技术，使用 TCP/IP 和 IT 标准，是一种实时以太网技术，同时它无缝地集成现有的现场总线系统，从而实现现有的现场总线技术与工业以太网的有机融合。

作为国际标准 IEC 61158 的重要组成部分，PROFINET 协议是完全开放的协议，而且 PROFINET 和标准以太网完全兼容，集成 IRT（Integrated Receiver Transcoder）功能的交换机，在平时工作起来和一个普通交换机是完全一样的。也就是说，集成 IRT 功能的交换机可以和普通交换机一样使用，即使在使用实时通道时，也同样可以在它的开放通道中使用其他标准功能。

为了给不同类型的自动化应用提供最佳的技术支持，PROFINET 协议提供了两种基于工业以太网的自动化集成解决方案，即分布式 I/O（PROFINET I/O）、基于组件的分布式自动化系统（PROFINET CBA）。其中，PROFINET I/O 是使用以太网连接与 PROFINET 通信的分散的外围设备，PROFINET I/O 关注的是，采用简单的通信设备实现适合的数据传输；PROFINET CBA 以工艺技术模块的面向对象的模块化为基础，这些模块的功能采用统一的 PROFINET 定义方式进行封装，它满足成套构造者和操作者对于系统级的工程设计过程与制造商无关的要求。使用 PROFINET，能使简单的 PROFINET I/O 和有严格时间要求的应用以及 PROFINET CBA 集成到以太网通信中。PROFINET 的基础是组件技术，每一个设备都被看成具有 COM 接口的自动化设备，简化了编程。

5.1.6.2 Modbus TCP

Schneider 公司于 1999 年公布，他们以一种非常简单的方式将 Modbus 框架嵌入到了 TCP/IP 结构中，使 Modbus 与以太网和 TCP/IP 结合，形成了 Modbus TCP/IP。这是一种面向连接的方式，每一个呼叫都要求一个应答，这种呼叫/应答的机制与 Modbus 的主-从机制相互配合，使交换式以太网具有很高的确定性。Modbus TCP/IP 协议基本上没有对 Modbus 协议本身进行修改，只是为了满足控制网络实时性的需要，改变了数据的传输方法和传输率。

Modbus RTPS：由 Modbus-IDA 组织提交的基于 TCP/IP 协议的 Modbus 协议和 RTPS（Real-Time Publish/Subscribe：实时数据的发布/订阅）协议。

5.1.6.3 EtherCAT

EtherCAT 协议是一种基于以太网开发构架的实时工业现场总线通信协议，它于 2003

年被引入市场，于 2007 年成为国际标准。EtherCAT 协议的出现为系统的实时性和拓扑的灵活性树立了新的标准，其由德国 Beckhoff 公司开发，并由 EtherCAT 技术组支持。它采用以太网帧，并以特定的环状拓扑发送数据；EtherCAT 协议保留了标准以太网功能，并与传统 IP 协议兼容。

EtherCAT 是最快的工业以太网技术之一，同时它提供纳秒级精确同步。相对于设置了相同循环时间的其他总线系统，EtherCAT 系统结构通常能减少 25%～30%的 CPU 负载。

EtherCAT 在网络拓扑结构方面没有任何限制，最多有 65535 个节点，可以组成线型、总线型、树型、星型或者任意组合的网络拓扑结构。相对于传统的现场总线系统，EtherCAT 的节点地址可被自动设置，无须网络调试，集成的诊断信息可以精确定位到错误；同时无须配置交换机，无须处理复杂的 MAC 地址或者 IP 地址。

利用分布时钟的精确校准，EtherCAT 协议提供了有效的同步解决方案，在 EtherCAT 协议中，数据交换完全基于纯粹的硬件设备。由于通信利用了逻辑环网结构和全双工快速以太网而又有实际环网结构，主站时钟可以简单而精确地确定对每个从站时钟的运行补偿，反之亦然。分布时钟基于该值进行调整，这意味着它可以在网络范围内提供信号抖动很小、非常精确的时钟。总体来说 EtherCAT 具有高性能、拓扑结构灵活、应用容易、低成本、高精度设备同步、可选线缆冗余和功能性安全协议、热插拔等特点。

5.1.6.4　EtherNet/IP

EtherNet/IP 协议是由 Rochwell 公司开发的工业以太网通信协定，由 ODVA（Open Devicenet Vendors Assocation）和 ControlNet International 两大国际组织于 2000 年联合推出，可应用在程序控制及其他自动化应用中。EtherNet/IP 与 DeviceNet 和 ControlNet 一样，都是基于 CIP（Controland Information Proto-Col）协议的网络。EtherNet/IP 名称中的 IP 是 Internet Protocol 的简称。EtherNet/IP 基于以太网技术、TCP/IP 技术及通用工业协议（Common Industrial Protocol，CIP）技术，因此它兼具工业以太网和 CIP 网络的优点。

EtherNet/IP 是一种适合于工业环境和对时间要求比较苛刻的应用网络。EtherNet/IP 使用的 CIP 是一种开放性的应用层协议，CIP 也是 DeviceNet 和 ControlNet 网络的应用层协议。这个开放性的应用层协议使得在 EtherNet/IP 上的面向自动化和控制应用的工业自动化和控制设备的互操作性和互换性成为现实。EtherNet/IP 支持下列功能：

- 时分消息交换（用于 I/O 控制）；

- 人机界面；
- 设备组态和编程；
- 设备和网络诊断；
- 与嵌入在设备中的 SNMP（简单网络管理协议）和网页兼容；
- 对以上功能的支持，提供了互操作性和互换性，决定了 EtherNet/IP 是一种基于以太网的、面向工业自动化的、开放性的网络。

5.1.6.5 HSE

高速以太网（High Speed Ethernet，HSE）是由现场总线基金会（FF）于 2000 年发布的技术规范，定位于实现控制网络与互联网的集成，由 HSE 链接设备将 H1 网段信息传送到以太网的主干上，并进一步送到企业的 ERP 层和管理系统。

HSE 技术的一个核心部分就是链接设备，它是 HSE 体系结构将 Hl（31.25kbps）设备连接 100Mbps 的 HSE 主干网的关键组成部分，同时也具有网桥和网关的功能。网桥功能能够用于连接多个 H1 总线网段，使同 H1 网段中的 H1 设备之间能够进行对等通信而无须主机系统的干涉。网关功能允许将 HSE 连接其他的工厂控制网络和信息网络，HSE 链接设备不需要为 H1 子系统做报文解释，而是将来自 H1 总线网段的报文数据集合起来并且将 Hl 地址转化为 IP 地址。

任务 5.2 PROFINET 网络的远程 I/O 控制系统构建与运行

5.2.1 远程 I/O 控制系统

PROFINET 的远程 I/O 控制系统

利用 PLC 可以构成多种控制系统：单机控制系统、集中控制系统、分散型控制系统和远程 I/O 控制系统。其中远程 I/O 控制系统的控制结构比较独特，类似于集中控制系统，又具有分散型控制系统的特点，它利用现代数据通信技术和网络技术，将部分 I/O 模块放在本地，实现就近采集、就近控制；另一部分 I/O 模块放在远程，实现远程采集、远程控制。整个系统由主站和若干个远程站，以及相应的本地 I/O 模块和远程 I/O 模块组成，远程站由远程 I/O 控制器、I/O 模块及 I/O 设备组成，主站和远程站之间通过 PROFINET 通信进行数据交换。图 5-1 所示为远程 I/O 控制系统的结构图。

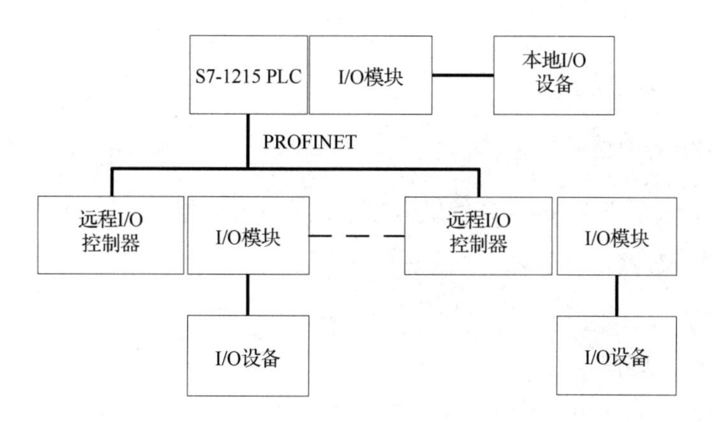

图 5-1　远程 I/O 控制系统的结构图

用户程序放在主站控制器中，主站控制器是系统的核心部分，负责采集本地输入通道的信息，接收远程站的工作状态及其采集的远程输入通道的信息，直接控制本地输出通道，间接控制远程输出通道。

远程站无用户程序，不能独立运行，它的任务是采集所属输入通道的信息，并将采集结果及本身的工作状态上传至主站，同时接收主站的输出信息，直接控制所属的输出通道。

远程 I/O 控制系统具有如下集中型控制和分散型控制的特点。

远程站通过远程 I/O 控制器和主站建立通信联系，降低系统成本。

在物理结构上，采用分散就近控制方式，节省控制电缆，减少了线路对信号的干扰，降低了工程费用，提高了系统可靠性。

系统构成灵活，扩展容易，便于分期投资、建设。

由于采用单主机控制方式，对主机要求较高，危险相对集中。远程 I/O 控制系统用于控制规模中等、控制对象比较分散、工程费用较低的场合。

5.2.2　控制要求

（1）硬件。

S7-1200 PLC，PC（带以太网网卡），TP 电缆（以太网电缆），支持 PROFINET 总线的 EX-1110 I/O 控制器、EX-2108 DI 模块、EX-3108 DO 模块。

（2）软件。

TIA 博途 V14 SP1 以上版本。

（3）需要完成的通信任务。

S7-1200 PLC 读取 EX-1110 I/O 控制器数字量输入点数据；S7-1200 PLC 向 EX-1110 I/O 控制器输出点传送数据。

5.2.3 GSD 文件

5.2.3.1 GSD 文件的简介

GSD 是英文 General Station Description 的缩写，GSD 翻译成中文就是通用站描述。顾名思义，GSD 文件用来对站点的信息进行描述，这些信息包括用于组态的数据、参数、模块（软件层）、诊断、报警、制造商标识（Manufacturer ID）及设备标识（Device ID）等内容。制造商标识是国际组织 PI 颁发的全球唯一标识。一般来说，PROFINET 产品的制造商需要申请制造商标识才能正常发布产品，在 PI 的官网上有制造商标识的列表，除了国外知名的公司，也有很多中国的公司。设备标识是制造商定义的产品家族标识，比如 ET200S 家族、ET200MP 家族等。

5.2.3.2 GSD 文件的作用

为了将不同制造商生产的 PROFIBUS/PROFINET 产品集成在一起，制造商必须为其产品提供电子设备数据库文件，即 GSD 文件。该文件对 PROFIBUS/PROFINET 设备的特性（诸如波特率、信息长度和诊断信息等）进行了详细说明；标准化的 GSD 数据将通信扩大到操作员控制级；使用基于 GSD 的组态工具，可将不同制造商生产的设备集成在同一总线系统中，既操作简单又界面友好。

GSD 文件是 PROFIBUS/PROFINET 产品的驱动文件，是不同制造商之间为了互相集成使用所建立的标准通信接口。当从站模块的制造商与主站 PLC 的制造商不同时，需要在主站组态时安装从站模块的 GSD 文件。例如，主站 PLC 为西门子 CPU1215，从站为德克威尔自动化有限公司的 EX-1110 I/O 控制器，此时需要在博途软件里安装 EX-1110 I/O 控制器的 GSD 文件，该 GSD 文件由制造商免费提供。安装 GSD 文件后，在博途软件组态时可以识别该硬件。

硬件组态列表中的模块，其实都是从 GSD 文件中获取信息的。有了 GSD 文件，编程开发工具就可以组态站点的信息、对模块参数进行设置、进行在线诊断等，I/O 控制器就可以通过 PROFINET 网络与 I/O 设备进行通信。

5.2.3.3　GSD 文件的组成

GSD 文件包含通信通用的规范和设备专用的规范，其文件结构可以分为以下三个部分。

（1）一般规范。这部分包括制造商的信息、设备的名称、硬件和软件的版本状况、所支持的传输率、可能的监视时间间隔，以及在总线连接器上的信号分配等。

（2）与主站有关的规范。这部分包含所有与主站有关的参数，如最多可连接的从站个数、上装和下载选项等。这部分内容不能用于从站设备。

（3）与从站有关的规范。这部分包括与从站有关的信息，如输入/输出通道的数量和类型、中断测试的规范、输入/输出数据一致性的信息等。

5.2.3.4　PROFIBUS 和 PROFINET 的 GSD 文件的区别

GSD 文件最早见于 PROFIBUS 系统，后来扩展到 PROFINET 系统，但是二者之间有很大的区别。

PROFIBUS 系统的 GSD 文件是纯文本文件（ASCII 文本文件），可以用记事本等文字编辑软件打开并编辑，其后缀名根据语言不同而有所区别，比如，.gsd 表示 GSD default；.gse 表示 GSD English；.gsg 表示 GSD German 等；通常使用的都是.gsd 文件。

PROFINET 系统使用 XML 语言来描述 GSD 文件。XML 是 Extensible Markup Language 的缩写，即可扩展标记语言。它在 HTML 语言的基础上，增加了可扩展的标签，适合于数据交换。PROFINET 的 GSD 文件使用 XML 语言进行描述，因此该文件也称为 GSDML 文件，它的后缀名为 .xml，可以用任何文本编辑器打开。

5.2.3.5　GSD 文件的格式

以下以 PROFIBUS 系统为例进行说明，PROFIBUS 系统的 GSD 文件是可读的 ASCII 文本文件，可以用任何一种 ASCII 编辑器进行编辑（如记事本、UltraEdit 等），也可使用 PROFIBUS 用户组织提供的编辑程序进行编辑。GSD 文件由若干行组成，每行都用一个关键字开头，包括关键字及参数（无符号数或字符串）两部分。借助关键字，组态工具从 GSD 文件中读取用于设备组态的设备标识、可调整的参数、相应的数据类型和所允许的界限值。GSD文件中的关键字有些是强制性的，如VendorName，有些关键字是可选的，如SyncMode Supp。GSD文件代替了传统的手册，并在组态期间支持对输入错误及数据一致性的自动检查。

如下是一个GSD文件的例子。

```
#Profibus DP                 ; DP 设备的 GSD 文件均以此关键词存在
GSD Revision=1               ; GSD 文件版本
VendorName="Meglev"          ; 设备制造商
Model Name="DP Slave"        ; 从站模块
Revision="Version 01"        ; 产品名称，产品版本
......
EndModule
```

通过读GSD文件到组态程序中，用户可以获得最适合使用的设备的专用通信特性。为了支持制造商，PROFIBUS/PROFINET网站上有专用的GSD编辑/检查程序可供下载，便于用户创建和检查GSD文件，也有专用的GSD文件库供相关设备的用户下载使用。

5.2.3.6 GSD文件的安装

GSD文件安装

进入博途软件，选择“选项”→“管理通用站描述文件”命令，如图5-2所示。

按图5-3所示，选择要安装的GSD文件，然后单击“安装”按钮。

图5-2 选择“选项”→“管理通用站描述文件”命令

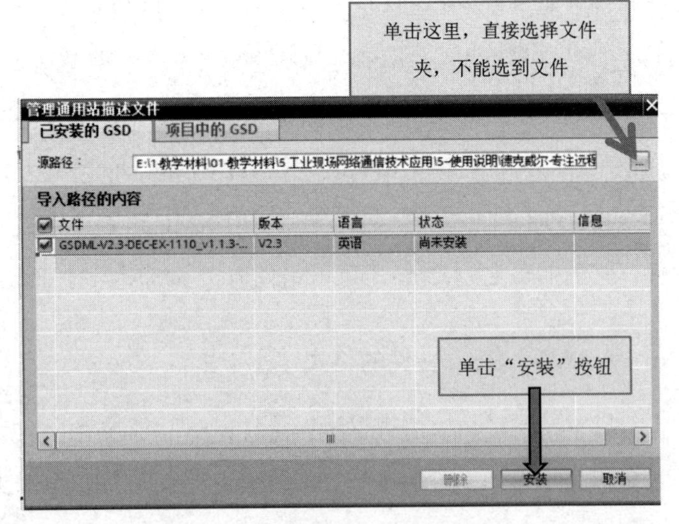

图5-3 选择要安装的GSD文件

安装完成后，博途软件自动更新硬件目录，选择“硬件目录”→“其它现场设备[1]”→“PROFINET IO”→“I/O”→“DEC”→“WELL-LINK-I/O”→“前端模块”命令，可以看到已安装的 EX-1110 I/O 控制器，“硬件目录”中的“EX-1110”控制器如图 5-4 所示。

图 5-4　“硬件目录”中的“EX-1110”控制器

PROFINET 的远程 I/O 控制系统组态

5.2.4　系统构建

5.2.4.1　控制要求

采用 PROFINET 通信方式实现 S7-1200 PLC 和远程 I/O 控制器之间的数据通信。

S7-1200 PLC 具有 PROFINET 接口，作为主站，与具有 PROFINET 接口的 EX-1110 I/O 控制器构建 PROFINET 网络控制系统，要求如下。

（1）S7-1200 PLC 读取 EX-1110 I/O 控制器数字量输入点数据。

（2）S7-1200 PLC 向 EX-1110 I/O 控制器输出点传送数据。

① “其它”的正确写法为“其他”。

5.2.4.2　系统配置

系统为单主站 PROFINET 网络系统，系统配置如图 5-5 所示，系统主站与从站之间通过 PROFINET 连接，构成单主站形式的 PROFINET 网络系统。

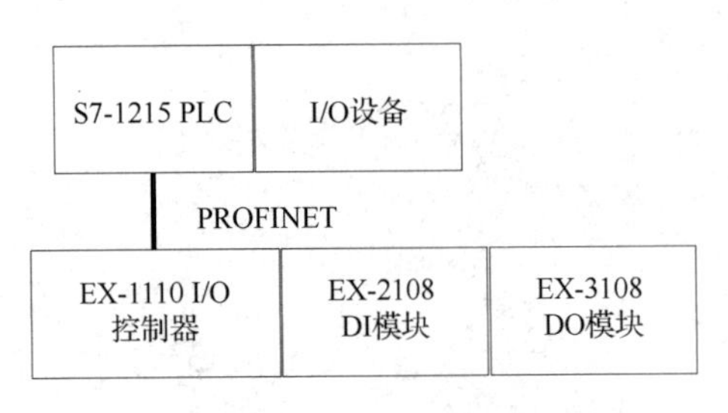

图 5-5　系统配置

5.2.4.3　系统创建过程

（1）选择 PLC，添加 1 个 S7-1215 AC/DC/RLY，设置 IP 地址为 192.168.1.1。单击“添加新子网”按钮，选择“PN/IE_1”选项。

（2）选择“项目树”→“设备和网络”→“硬件目录”→“其它现场设备”→“PROFINET IO”→“I/O”→“DEC”→“WELL-LINK-I/O”→“前端模块”命令，双击“EX-1110”选项，网络视图如图 5-6 所示。双击图 5-7 所示箭头所指处的按钮，出现图 5-8 所示的组态界面。

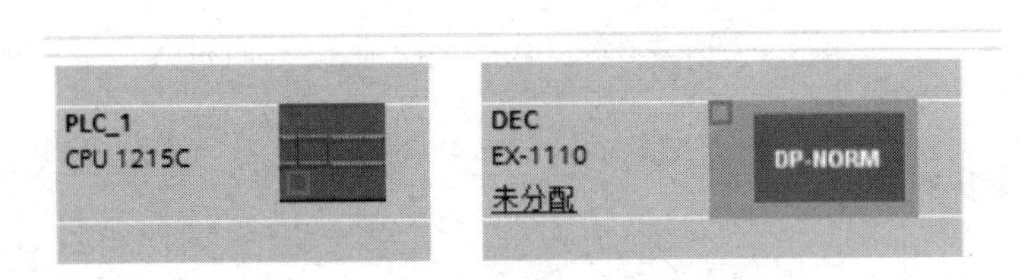

图 5-6　网络视图

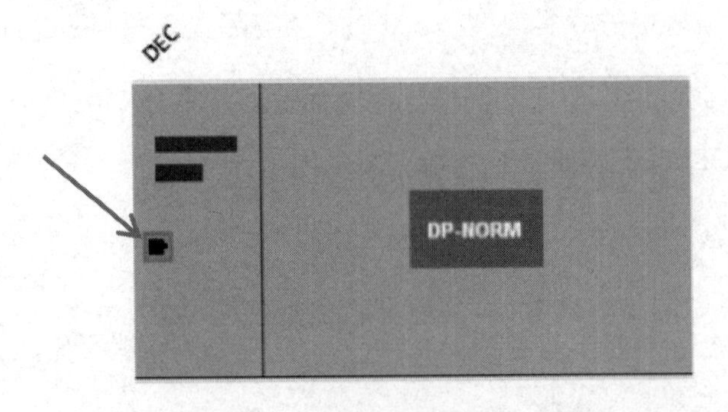

图 5-7　双击箭头所指处的按钮

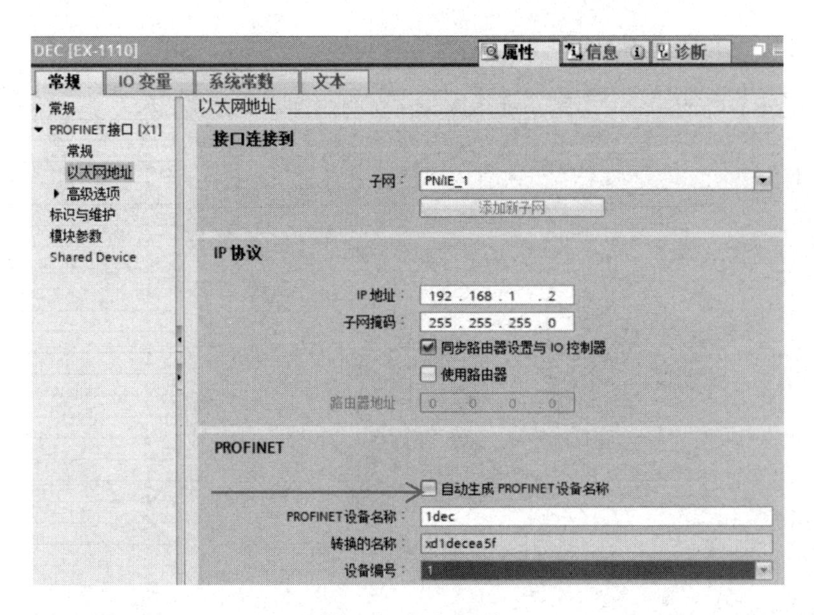

图 5-8　组态界面

单击“常规”选项卡中的“以太网地址”选项，在“IP 协议”选区设置“IP 地址”为 192.168.1.2，单击“添加新子网”按钮，选择“PN/IE_1”选项，去掉“自动生成 PROFINET 设备名称”复选框的勾选。手动命名“PROFINET”设备名称及“设备编号”。

选择“项目树”→“设备和网络”命令，查看系统组网，系统组网图如图 5-9 所示。

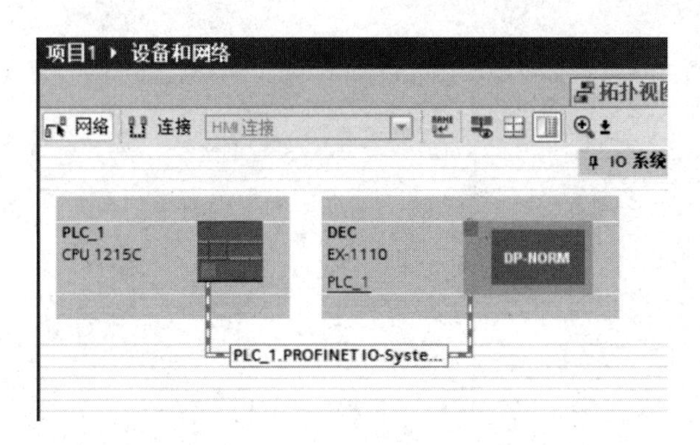

图 5-9　系统组网图

（3）在“设备和网络”界面中，双击 DEC EX-1110 控制器，进入远程 I/O 控制器的硬件组态界面，如图 5-10 所示。

展开图 5-10 右侧所示的“DI”下拉列表，选择“EX_2108”选项，如图 5-11 所示。再展开“DO”下拉列表，选择“EX_3108”选项，如图 5-12 所示。

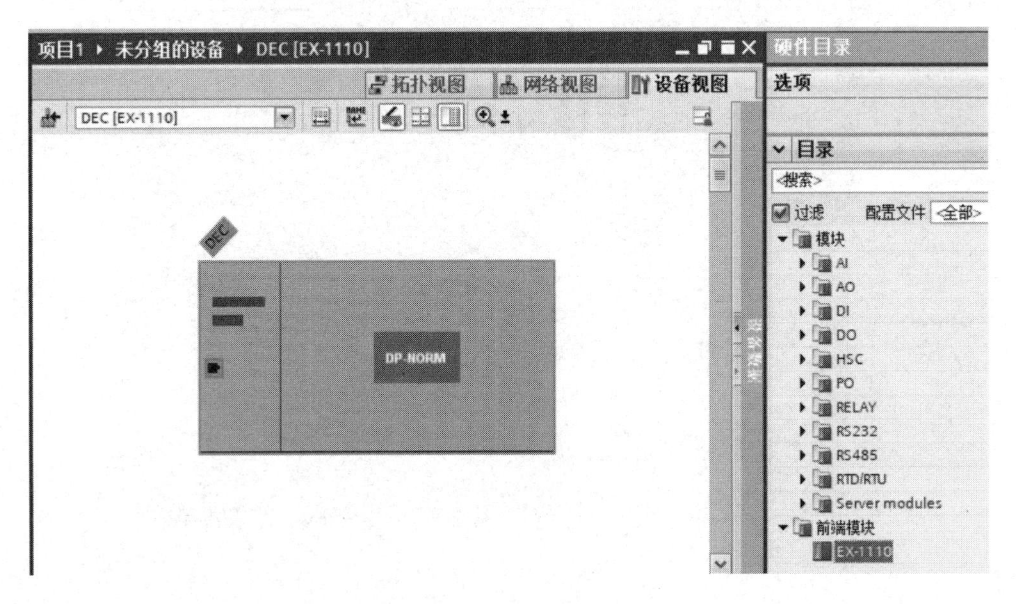

图 5-10　远程 I/O 控制器的硬件组态界面

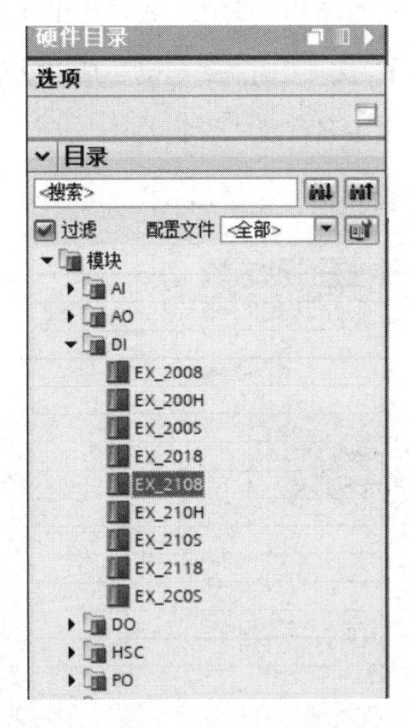

图 5-11　选择“EX_2108”选项

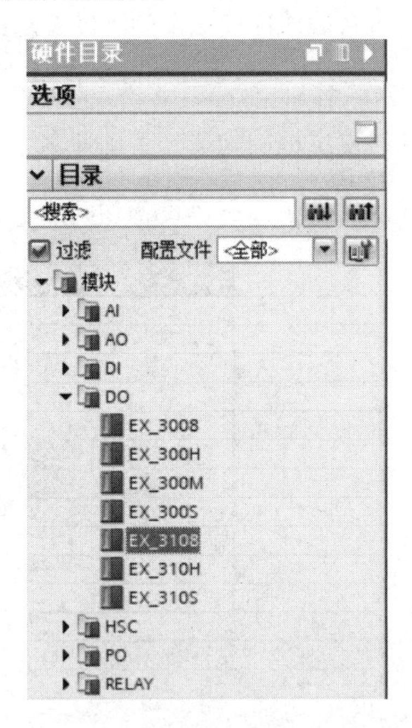

图 5-12　选择“EX-3108”选项

在“设备概览”选区中看到“EX_2108_1”的地址为 IB2，“EX_3108_1”的地址为 QB2，如图 5-13 所示。该地址就是 S7-1200 PLC 控制 EX-1110 I/O 控制器的编程地址。

（4）当远程 I/O 控制系统的网络组态完成后，系统网络已经为远程 I/O 控制器分配了输入/输出地址，PLC 控制远程 I/O 控制器的方法与控制本地 I/O 模块的方法是一样的。远程 I/O 控制程序如图 5-14 所示，程序段 1 是 S7-1200 PLC 控制 EX-1110 I/O 控制器输出 1 通道的程序，程序段 2 是 EX-1110 I/O 控制器输入 1 通道控制 EX-1110 I/O 控制器输出 2 通道的程序。

拓扑视图　网络视图　设备视图

设备概览

模块	...	机架	插槽	I 地址	Q 地址	类型
DEC		0	0			EX-1110
PN-IO		0	0 X1			DEC
EX_2108_1		0	1	2		EX_2108
EX_3108_1		0	2		2	EX_3108
		0	3			
		0	4			
		0	5			

图 5-13　查看“EX_2108_1”和“EX_3108_1”的地址

程序段 1：

注释

%I0.0
"Tag_1"

%Q2.0
"Tag_2"

程序段 2：

注释

%I2.0
"Tag_3"

%Q2.1
"Tag_4"

图 5-14　远程 I/O 控制程序

任务 5.3　PROFINET 网络的 PLC 之间的控制系统构建与运行

5.3.1　PLC 之间的 PROFINET 控制系统

利用两个以上的 PLC 构成 PROFINET 控制系统，其中 1 个 PLC 作为 I/O 控制器，其他 PLC 作为 I/O 设备。控制器和设备之间通过 PROFINET 通信进行数据交换。图 5-15 所示为 PLC 之间的 PROFINET 控制系统的结构图。

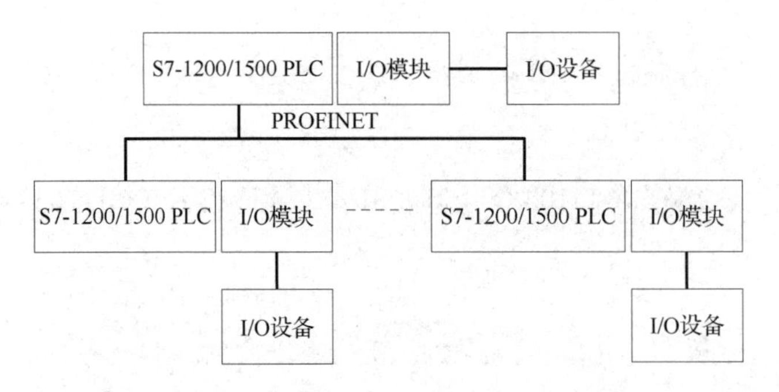

图 5-15　PLC 之间的 PROFINET 控制系统的结构图

5.3.2　控制要求

（1）硬件。

S7-1200 PLC、S7-1500 PLC、PC（带以太网网卡）、TP 电缆(以太网电缆)。

（2）软件。

TIA 博途 V14 SP1 以上版本。

（3）需要完成的通信任务。

S7-1200 PLC 读取 S7-1500 PLC 数字量输入数据，S7-1200 PLC 控制 S7-1500 PLC 数字量输出；S7-1500 PLC 读取 S7-1200 PLC 数字量输入数据，S7-1500 PLC 控制 S7-1200 PLC 数字量输出。

5.3.3　系统构建

5.3.3.1　控制要求

采用 PROFINET 通信方式实现 S7-1200 PLC 和 S7-1500 PLC 之间的数据通信。

S7-1215 PLC 作为 I/O 控制器，S7-1511 PLC 作为 I/O 设备，要求如下。

（1）S7-1200 PLC 的输入控制 S7-1500 PLC 数字量输出点。

（2）S7-1500 PLC 的输入控制 S7-1200 PLC 数字量输出点。

5.3.3.2　系统配置

系统为单主站 PROFINET 网络系统，系统配置如图 5-16 所示，系统主站与从站之间通过 PROFINET 连接，构成单主站形式的 PROFINET 网络系统。

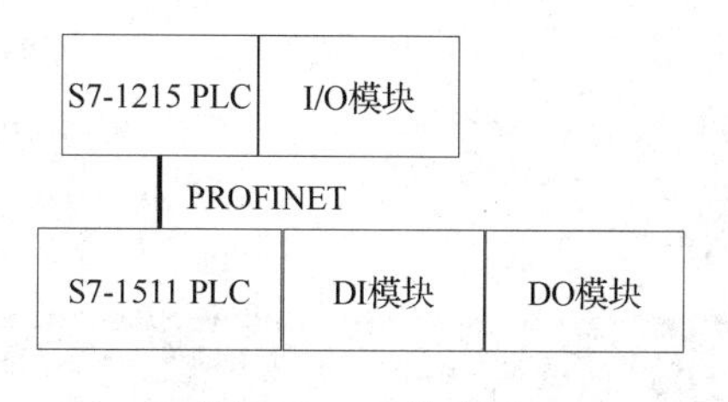

图 5-16　系统配置

5.3.3.3　系统创建过程

（1）添加设备 PLC1。进入项目视图，单击“添加新设备”选项，添加 S7-1215 AC/DC/RLY，设置 IP 地址为 192.168.1.1。单击“添加新子网”按钮，选择“PN/IE_1”选项，PLC1 组态为 PROFINET I/O 控制器。

PLC 之间的 PROFINET 控制系统组态

（2）添加设备 PLC2。单击“添加新设备”选项，添加 S7-1511-1 PN，添加 DI 16x24VDC BA（6ES7 521-1BH10-0AA0）模块和 DQ 16x24VDC/0.5A BA_1（6ES7 522-1BH10-0AA0）模块。

（3）设置 PLC2 的 CPU 属性。设置 IP 地址为 192.168.1.2。PLC2 组态为 PROFINET I/O 设备，在“常规”选区选择“操作模式”选项，勾选“IO 设备”复选框，“已分配的 IO 控制器”为“PLC_1.PROFINET 接口_1”，“操作模式”选区的设置如图 5-17 所示。

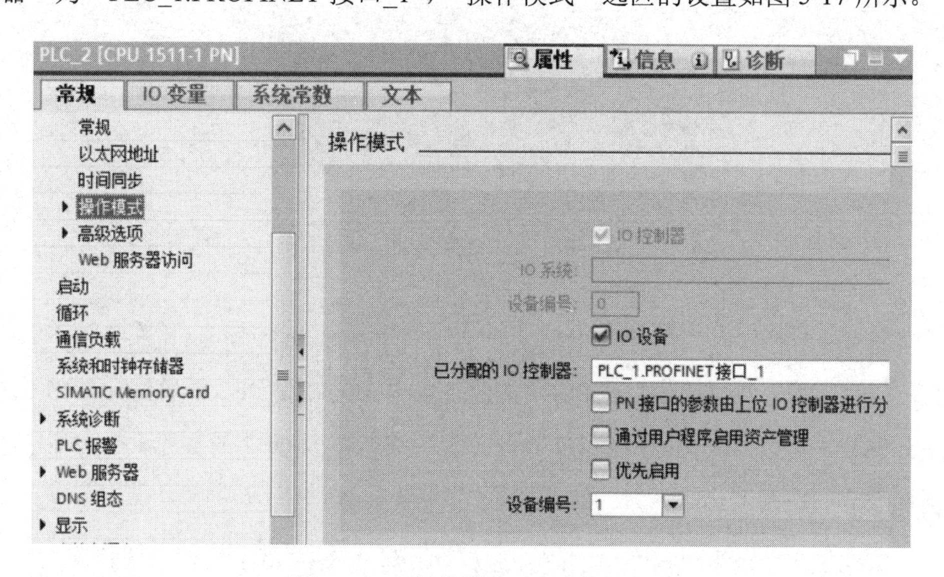

图 5-17　“操作模式”选区的设置

（4）组态 PROFINET 通信数据交换区。在“常规”选区中选择“智能设备通信”选项，创建两个 PLC 之间通信的传输区，如图 5-18 所示。选择“新增”选项，创建“传输区_1”，其中“长度”为 1 字节，根据数据通信的需要，可以修改“长度”的数值，再次选择“新增”选项，创建“传输区_2”。

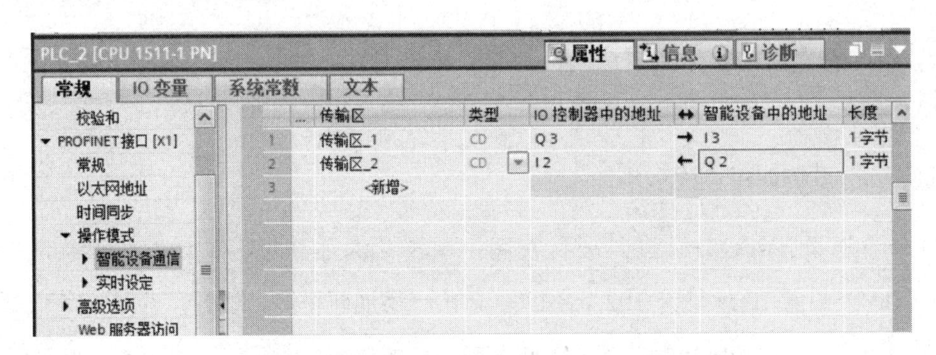

图 5-18　创建两个 PLC 之间通信的传输区

（5）在“设备和网络”界面查看创建的网络系统，PLC 之间的通信网络如图 5-19 所示。

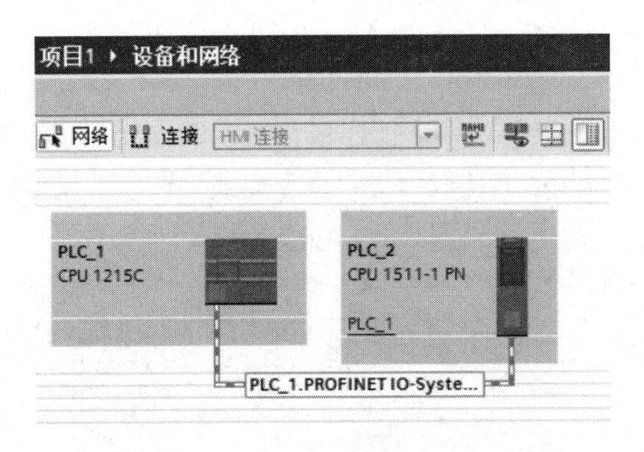

图 5-19　PLC 之间的通信网络

（6）将硬件组态分别下载到 PLC1、PLC2 中并运行。

（7）利用监控表测试验证。在 PLC1 的监控表中在线修改 QB3 的数据，在 PLC2 的监控表中观察 IB3 的数据变化；在 PLC2 的监控表中在线修改 QB2 的数据，在 PLC1 的监控表中观察 IB2 的数据变化。

（8）PROFINET 网络数据通信的软件编程。根据图 5-18 所示的数据传输区，PLC1 将要发送的数据先发送到 QB3，QB3 通过网络传送到 PLC2 的 IB3；PLC2 将要发送的数据先发送到 QB2，QB2 通过网络传送到 PLC1 的 IB2。例如，PLC1 要把数据 33 发送到 PLC2

的 MB50，根据图 5-18 所示的数据传输区，PLC1 的发送程序和 PLC2 的接收程序分别如图 5-20、图 5-21 所示。

PLC2 要把数据 55 发送到 PLC1 的 MB80，根据图 5-18 所示的数据传输区，PLC1 的接收程序和 PLC2 的发送程序如图 5-22、图 5-23 所示。

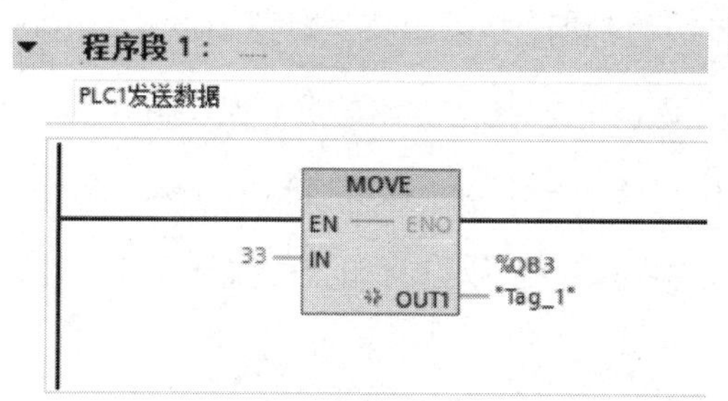

图 5-20　PLC1 的发送程序

图 5-21　PLC2 的接收程序

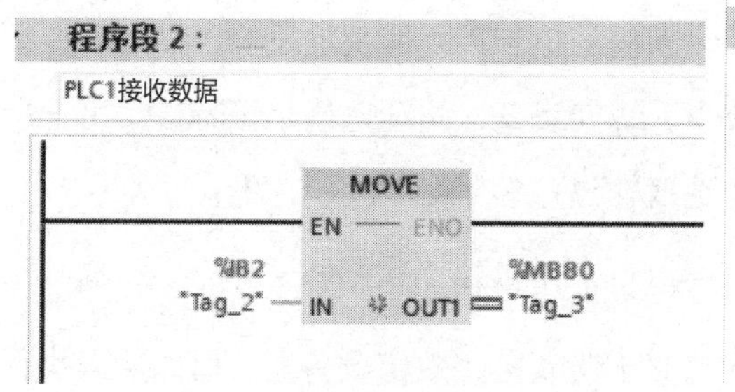

图 5-22　PLC1 的接收程序

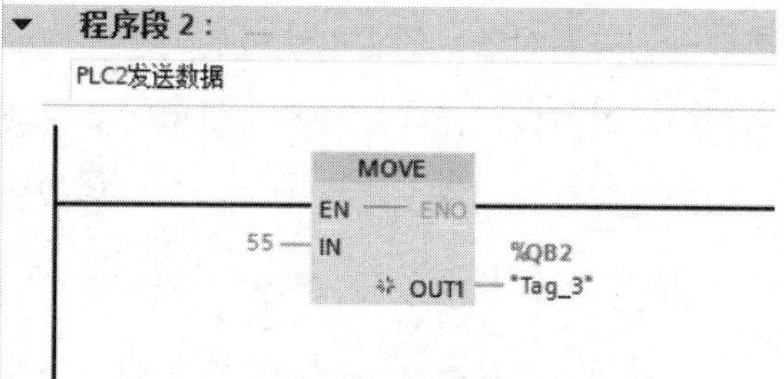

图 5-23　PLC2 的发送程序

任务 5.4　PROFINET 网络的运动控制系统构建与运行

5.4.1　运动控制系统简介及其组成

PROFINET 的运动控制系统

运动控制通常是指在复杂条件下，将预定的控制方案、规划指令转变为期望的机械运动，实现机械运动精确的位置控制、速度控制、加速度控制、转矩或力控制。按照使用动力源的不同，运动控制主要可分为以电动机作为动力源的电气运动控制、以气体和流体作为动力源的气液运动控制及以燃料（煤、油等）作为动力源的热机运动控制等。据资料统计，在所有动力源中，90%以上来自于电动机。电动机在现代化生产和生活中起着十分重要的作用，所以在这几种运动控制中，电气运动控制应用最为广泛。电气运动控制是由电机拖动发展而来的，电力拖动或电气传动是以电动机为对象的控制系统的通称。

运动控制系统多种多样，但从基本结构上看，一个典型的现代运动控制系统的硬件主要由上位机、运动控制器、功率驱动装置、伺服电动机、执行机构和传感器反馈检测装置等部分组成。下面讲解部分硬件的功能。

运动控制器，是控制电动机的运行方式的专用控制器，是以中央逻辑控制单元为核心、以传感器为信号敏感元件、以电机或动力装置和执行单元为控制对象的一种控制装置。

功率驱动装置，用以将来自运动控制器的控制信号（通常是速度或扭矩信号）转换为更高功率的电流或电压信号。更为先进的智能化驱动装置，以自身闭合位置环和速度环进行控制，以获得更高的位置精度。

伺服电动机，指在伺服系统中控制机械元件运转的发动机，是一种补助电动机间接变速装置。伺服电动机可使控制速度、位置精度非常准确，可以将电压信号转化为转矩和转速以驱动控制对象。伺服电动机的转子转速受输入信号控制，并能快速反应，在自动控制系统中，用作执行元件，且具有机电时间常数小、线性度高、始动电压小等特性，可把所收到的电信号转换成电动机轴上的角位移或角速度输出。

执行机构，如液压泵、气缸、线性执行机或电机，用以输出运动。

传感器反馈检测装置，如光电编码器、旋转变压器或霍尔效应设备等，用以反馈执行机构的位置到位置控制器，以实现和位置控制环的闭合。

交流伺服技术已经成为工业领域实现自动化的基础技术之一，交流伺服系统的智能化、网络化是交流伺服控制的两个重要的发展方向。

5.4.2 S7-1200 PLC 运动控制方式简介

西门子 S7-1200 PLC 集成了运动控制功能，Firmware V4.1 及以上版本的 S7-1200 PLC 的运动控制根据连接驱动方式不同，分为脉冲输出（PTO）控制方式、PROFINET 控制方式和模拟量控制方式三种，运动控制方式如图 5-24 所示。

脉冲输出控制方式：目前为止所有版本的 S7-1200 PLC 都有的控制方式，该控制方式由 PLC 向轴驱动器发送高速脉冲信号（以及方向信号）来控制轴的运行。

PROFINET 控制方式：S7-1200 PLC 通过 PROFINET 方式连接驱动器，PLC 和驱动器之间通过 PROFIdrive 消息帧进行通信。Firmware V4.1 及以上版本的 S7-1200 PLC 都具有

PROFIdrive 的控制方式。

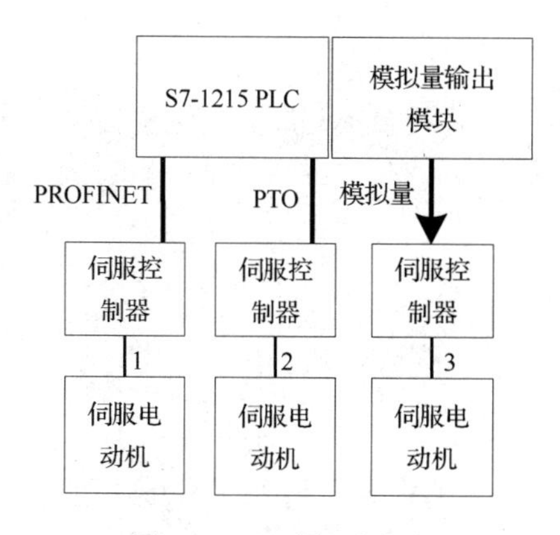

图 5-24　运动控动方式

模拟量控制方式：S7-1200 PLC 通过输出模拟量来控制驱动器。

5.4.3　PLC 的运动控制指令

西门子 S7-1200 PLC 的运动控制指令通过使用相关工艺数据块和 CPU 的专用脉冲串输出来控制轴的运动。打开程序块 OB1，在博途软件右侧“工艺”选区中找到运动控制指令文件夹，展开“Motion Control”下拉列表，可以看到所有的 S7-1200 PLC 运动控制指令。运动控制指令列表如图 5-25 所示。

工艺

名称	描述	版本
计数		V1.1
PID 控制		
Motion Control		V6.0
MC_Power	启动/禁用轴	V6.0
MC_Reset	确认错误、重新启动...	V6.0
MC_Home	归位轴、设置起始位置	V6.0
MC_Halt	暂停轴	V6.0
MC_MoveAbsolute	以绝对方式定位轴	V6.0
MC_MoveRelative	以相对方式定位轴	V6.0
MC_MoveVelocity	以预定义速度移动轴	V6.0
MC_MoveJog	以“点动”模式移动轴	V6.0
MC_CommandTable	按移动顺序运行轴作业	V6.0
MC_ChangeDynamic	更改轴的动态设置	V6.0
MC_WriteParam	写入工艺对象的参数	V6.0
MC_ReadParam	读取工艺对象的参数	V6.0

图 5-25　运动控制指令列表

可以使用拖拽或是双击的方式在程序段中插入运动控制指令，这些运动控制指令插入到程序中时需要背景数据块，可以选择手动或是自动生成 DB 块的编号。运动控制指令的

DB 块可通过选择“项目树”→“程序块”→“系统块”→“程序资源”命令找到。用户在调试时可以直接监控该 DB 块中的数值。

在运动控制的实际应用中，并不会用到所有的运动控制指令，下面介绍常用的运动控制指令。

5.4.3.1 MC_Power 指令

1. MC_Power 指令介绍

MC_Power 指令为启动/禁用轴指令，用于启用和禁用运动控制轴，该指令如图 5-26 所示。

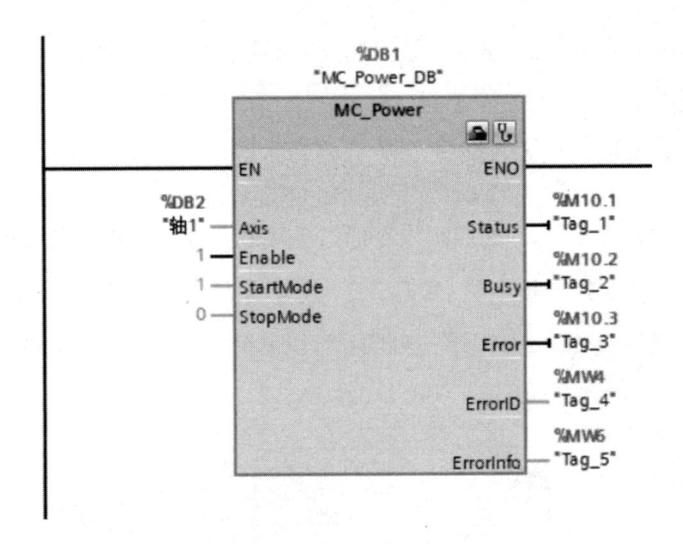

图 5-26 MC_Power 指令

2. MC_Power 指令的引脚参数

MC_Power 指令的引脚参数如表 5-1 所示。

表 5-1 MC_Power 指令的引脚参数

引脚参数	I/O	数据类型	说明
EN	IN	Bool	使能输入
ENO	OUT	Bool	使能输出
Axis	IN	TO_Axis_PTO	轴工艺对象
Enable	IN	Bool	0=根据组态的“StopMode”中断当前所有作业，停止并禁用轴。 1=启动轴

续表

引脚参数	I/O	数据类型	说明
StartMode	IN	Int	0=速度控制 1=位置控制
StopMode	IN	Int	0=紧急停止，按轴工艺对象参数中的“急停”速度或时间来停止轴 1=立即停止，PLC 脉冲输出立即停止 2=由加速度变化率控制的紧急停止
Status	OUT	Bool	轴的使能状态
Busy	OUT	Bool	标记该指令是否处于活动状态
Error	OUT	Bool	标记该指令是否产生错误
ErrorID	OUT	Word	当该指令产生错误时，用“ErrorID”表示错误号
ErrorInfo	OUT	Word	当该指令产生错误时，用“ErrorInfo”表示错误信息

3. MC_Power 指令使用说明

EN 输入端是 MC_Power 指令的使能端，不是轴的使能端。

MC_Power 指令必须在程序里一直调用，并保证 MC_Power 指令在其他运动控制指令的前面调用。

5.4.3.2　MC_Reset 指令

1. MC_Reset 指令介绍

MC_Reset 指令为确认错误、重新启动指令，用来确认“伴随轴停止出现的运行错误”和“组态错误”。如果存在一个需要确认的错误，则可以用上升沿激活 MC_Reset 指令的 Execute 引脚进行错误确认，MC_Reset 指令如图 5-27 所示。

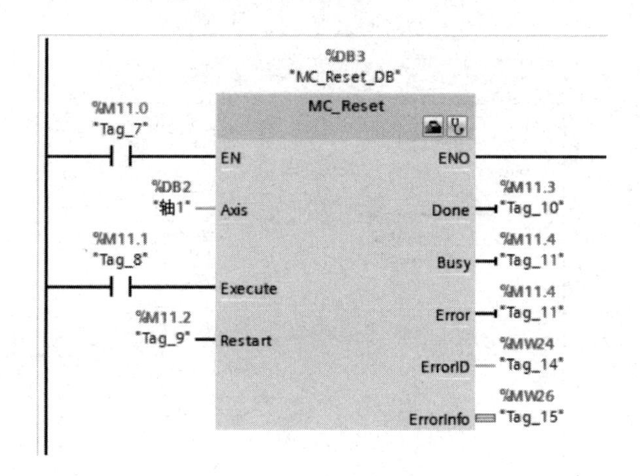

图 5-27　MC_Reset 指令

2. MC_Reset 指令的引脚参数

MC_Reset 指令的引脚参数如表 5-2 所示。

表 5-2 MC_Reset 指令的引脚参数

引脚参数	I/O	数据类型	说明
EN	IN	Bool	使能输入
ENO	OUT	Bool	使能输出
Axis	IN	TO_Axis_PTO	轴工艺对象
Execute	IN	Bool	该指令的启动位，用上升沿触发
Restart	IN	Bool	0=用来确认错误 1=将轴的组态从装载存储器下载到工作存储器（只有在禁用轴的时候才能执行该命令）中
Done	OUT	Bool	表示轴的错误已确认
Busy	OUT	Bool	1=表示正在执行
Error	OUT	Bool	1=表示任务执行期间出错 出错原因可在“ErrorID”和“ErrorInfo”中找到
ErrorID	OUT	Word	参数“ErrorID”的错误 ID
ErrorInfo	OUT	Word	参数“ErrorInfo”的错误信息

5.4.3.3 MC_Home 指令

1. MC_Home 指令介绍

MC_Home 指令为归位轴、设置起始位置指令，用来将轴坐标与实际的物理驱动器位置进行匹配。在轴做绝对位置定位前首先要执行 MC_Home 指令，该指令如图 5-28 所示。

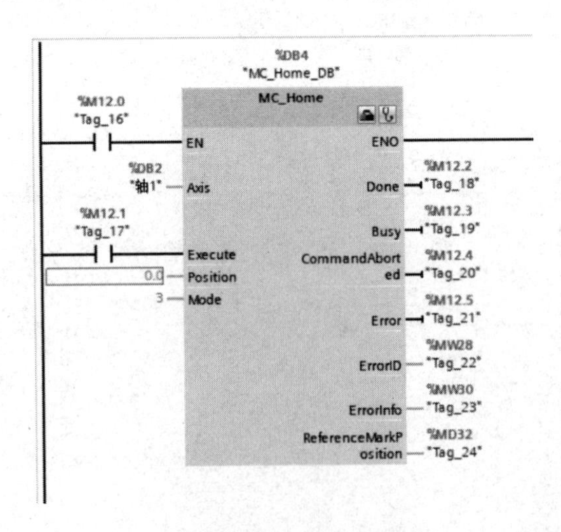

图 5-28 MC_Home 指令

2. MC_Home 指令的引脚参数

MC_Home 指令的引脚参数如表 5-3 所示。

表 5-3　MC_Home 指令的引脚参数

引脚参数	I/O	数据类型	说明
EN	IN	Bool	使能输入
ENO	OUT	Bool	使能输出
Axis	IN	TO_Axis_PTO	轴工艺对象
Execute	IN	Bool	该指令的启动位，用上升沿触发
Position	IN	Real	Mode = 1：当前轴位置的修正值 Mode = 0、2、3：完成回原点操作后，轴的绝对位置值
Mode	IN	Int	Mode = 0：绝对式直接回原点，新的轴位置值为参数“Position”的值 Mode = 1：相对式直接回原点，新的轴位置值等于当前轴位置 + 参数“Position”的值 Mode = 2：被动回原点，根据轴组态回原点，在回原点后，将新的轴的位置值设置为参数“Position”的值 Mode = 3：主动回原点，按照轴组态回原点，在回原点后，将新的轴的位置值设置为参数“Position”的值 Mode = 6：绝对编码器相对调节，将当前的轴位置设置为当前位置+参数“Position”的值 Mode = 7：绝对编码器绝对调节，将当前的轴位置设置为参数“Position”的值
Done	OUT	Bool	1=表示任务完成
Busy	OUT	Bool	1=表示正在执行任务
CommandAborted	OUT	Bool	1=表示任务在执行过程中被另一任务中止
Error	OUT	Bool	1=表示任务执行期间出错 出错原因可在“ErrorID”和“ErrorInfo”中找到
ErrorID	OUT	Word	参数“ErrorID”的错误 ID
ErrorInfo	OUT	Word	参数“ErrorInfo”的错误信息
ReferenceMarkPosition	OUT	Real	之前坐标系中参考标记处的轴位置

5.4.3.4　MC_Halt 指令

1. MC_Halt 指令介绍

MC_Halt 指令为暂停轴指令，用来停止所有运动并以组态的减速度停止轴。常用

MC_Halt 指令来停止通过 MC_MoveVelocity 指令触发的轴的运行。MC_Halt 指令如图 5-29 所示。

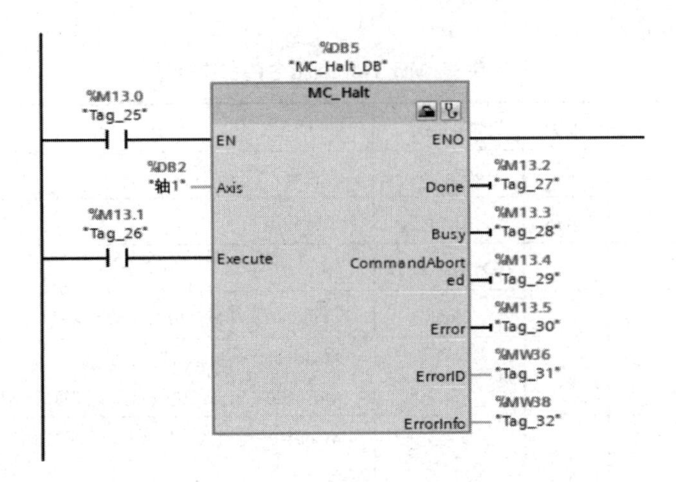

图 5-29　MC_Halt 指令

2. MC_Halt 指令的引脚参数

MC_Halt 指令的引脚参数如表 5-4 所示。

表 5-4　MC_Halt 指令的引脚参数

引脚参数	I/O	数据类型	说明
EN	IN	Bool	使能输入
ENO	OUT	Bool	使能输出
Axis	IN	TO_Axis_PTO	轴工艺对象
Execute	IN	Bool	该指令的启动位，用上升沿触发
Done	OUT	Bool	1=表示任务完成
Busy	OUT	Bool	1=表示任务正在执行
CommandAborted	OUT	Bool	1=表示任务在执行过程中被另一任务中止
Error	OUT	Bool	1=表示任务执行期间出错 出错原因可在“ErrorID”和“ErrorInfo”中找到。
ErrorID	OUT	Word	参数“ErrorID”的错误 ID
ErrorInfo	OUT	Word	参数“ErrorInfo”的错误信息

5.4.3.5　MC_MoveAbsolute

1. MC_MoveAbsolute 指令介绍

MC_MoveAbsolute 指令为以绝对方式定位轴指令，用来将轴以某一速度运行到绝对位置。在使能绝对位置指令之前，轴必须回原点，因此 MC_MoveAbsolute 指令之前必须有 MC_Home 指令。MC_MoveAbsolute 指令如图 5-30 所示。

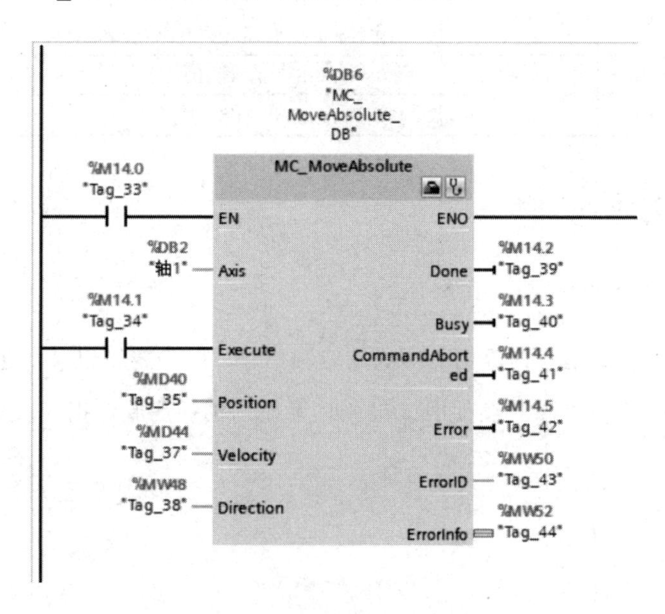

图 5-30　MC_MoveAbsolute 指令

2. MC_MoveAbsolute 指令的引脚参数

MC_MoveAbsolute 指令的引脚参数如表 5-5 所示。

表 5-5　MC_MoveAbsolute 指令的引脚参数

引脚参数	I/O	数据类型	说明
EN	IN	Bool	使能输入
ENO	OUT	Bool	使能输出
Axis	IN	TO_Axis_PTO	轴工艺对象
Execute	IN	Bool	该指令的启动位，用上升沿触发
Position	IN	Real	绝对目标位置
Velocity	IN	Real	绝对运动的速度
Direction	IN	Int	轴的运动方向 0：速度符号（“Velocity”参数）定义运动控制方向 1：正方向，从正方向逼近目标位置 2：负方向，从负方向逼近目标位置 3：最短距离（工艺将选择从当前位置开始，到目标位置的最短距离）
Done	OUT	Bool	1=表示任务已完成
Busy	OUT	Bool	1=表示任务正在执行
CommandAborted	OUT	Bool	1=表示任务在执行过程中被另一任务中止

续表

引脚参数	I/O	数据类型	说明
Error	OUT	Bool	1=表示任务执行期间出错 出错原因可在“ErrorID”和“ErrorInfo”中找到
ErrorID	OUT	Word	参数“ErrorID”的错误 ID
ErrorInfo	OUT	Word	参数“ErrorInfo”的错误信息

5.4.3.6 MC_MoveRelative

1. MC_MoveRelative 指令介绍

MC_MoveRelative 指令为以相对方式定位轴指令，用来将轴以某一速度在轴当前位置的基础上移动一个相对距离。在使用该指令时无须先执行回原点指令，MC_MoveRelative 指令如图 5-31 所示。

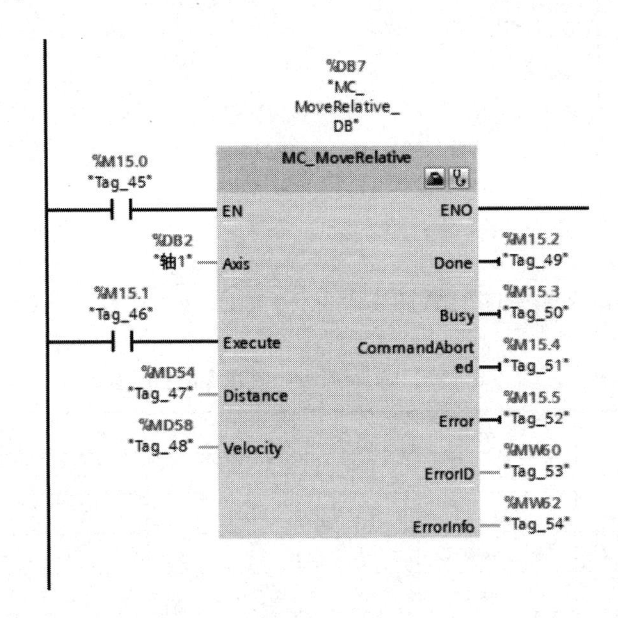

图 5-31　MC_MoveRelative 指令

2. MC_MoveRelative 指令的引脚参数

MC_MoveRelative 指令的引脚参数如表 5-6 所示。

表 5-6　MC_MoveRelative 指令的引脚参数

引脚参数	I/O	数据类型	说明
EN	IN	Bool	使能输入
ENO	OUT	Bool	使能输出

续表

引脚参数	I/O	数据类型	说明
Axis	IN	TO_Axis_PTO	轴工艺对象
Execute	IN	Bool	该指令的启动位，用上升沿触发
Distance	IN	Real	相对轴当前位置移动的距离，该值通过正/负数值来表示距离和方向
Velocity	IN	Real	相对运动的速度
Done	OUT	Bool	1=表示任务已完成
Busy	OUT	Bool	1=表示任务正在执行
CommandAborted	OUT	Bool	1=表示任务在执行过程中被另一任务中止
Error	OUT	Bool	1=表示任务执行期间出错 出错原因可在“ErrorID”和“ErrorInfo”中找到
ErrorID	OUT	Word	参数“ErrorID”的错误 ID
ErrorInfo	OUT	Word	参数“ErrorInfo”的错误信息

5.4.3.7　MC_MoveVelocity

1. MC_MoveVelocity 指令介绍

MC_MoveVelocity 指令为以预定义速度移动轴指令，用来使轴以预设的速度运行。MC_MoveVelocity 指令如图 5-32 所示。

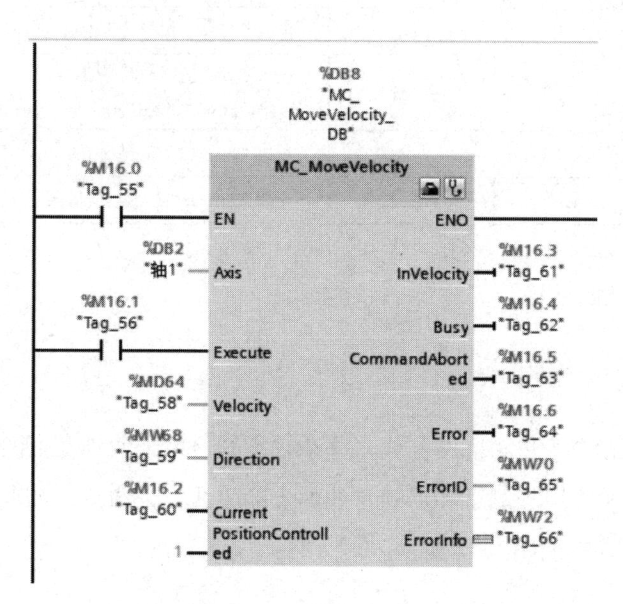

图 5-32　MC_MoveVelocity 指令

2. MC_MoveVelocity 指令的引脚参数

MC_MoveVelocity 指令的引脚参数如表 5-7 所示。

表 5-7　MC_MoveVelocity 指令的引脚参数

引脚参数	I/O	数据类型	说明
EN	IN	Bool	使能输入
ENO	OUT	Bool	使能输出
Axis	IN	TO_Axis_PTO	轴工艺对象
Execute	IN	Bool	该指令的启动位，用上升沿触发
Velocity	IN	Real	轴运动的速度
Direction	IN	Int	轴的运动方向 0：旋转方向取决于参数“Velocity”值的符号 1：正方向旋转，忽略参数“Velocity”值的符号 2：负方向旋转，忽略参数“Velocity”值的符号
Current	IN	Bool	0：轴按照参数“Velocity”和“Direction”的值运行 1：轴忽略参数“Velocity”和“Direction”的值，轴以当前速度运行
PositionControlled	IN	Bool	0：速度控制模式 1：位置控制模式
InVelocity	OUT	Bool	0：输出未达到速度设定值 1：输出已达到速度设定值
Busy	OUT	Bool	1=表示任务正在执行
CommandAborted	OUT	Bool	1=表示任务在执行过程中被另一任务中止
Error	OUT	Bool	1=表示任务执行期间出错 出错原因可在“ErrorID”和“ErrorInfo”中找到
ErrorID	OUT	Word	参数“ErrorID”的错误 ID
ErrorInfo	OUT	Word	参数“ErrorInfo”的错误信息

5.4.3.8　MC_MoveJog

1. MC_MoveJog 指令介绍

MC_MoveJog 指令为以“点动”模式移动轴指令，用来使轴在点动模式下以指定的速度连续移动轴，可执行用于测试和启动目的的点动模式，正向点动和反向点动不能同时触发。MC_MoveJog 指令如图 5-33 所示。

2. MC_MoveJog 指令的引脚参数

MC_MoveJog 指令的引脚参数如表 5-8 所示。

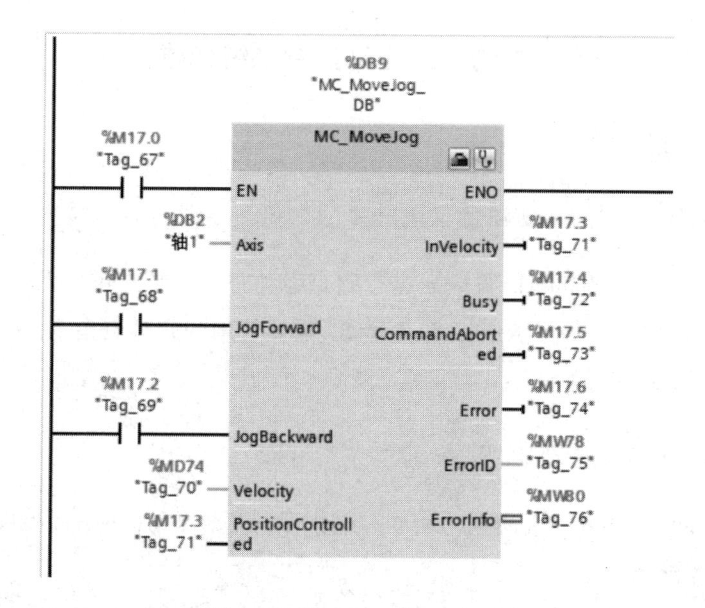

图 5-33　MC_MoveJog 指令

表 5-8　MC_MoveJog 指令的引脚参数

引脚参数	I/O	数据类型	说明
EN	IN	Bool	使能输入
ENO	OUT	Bool	使能输出
Axis	IN	TO_Axis_PTO	轴工艺对象
JogForward	IN	Bool	正向点动，不是用上升沿触发，“JogForward”为 1 时，轴运行；“JogForward”为 0 时，轴停止。类似于按钮功能，按下按钮，轴就运行，松开按钮，轴停止运行
JogBackward	IN	Bool	反向点动，使用方法参考“JogForward” 注意：在执行点动指令时，保证“JogForward”和“JogBackward”不会同时触发，可以用逻辑进行互锁
Velocity	IN	Real	点动速度设定，“Velocity”值可以实时修改，实时生效
PositionControlled	IN	Bool	0：速度控制模式 1：位置控制模式
InVelocity	OUT	Bool	0：输出未达到速度设定值 1：输出已达到速度设定值
Busy	OUT	Bool	1=表示任务正在执行
CommandAborted	OUT	Bool	1=表示任务在执行过程中被另一任务中止
Error	OUT	Bool	1=表示任务执行期间出错 出错原因可在“ErrorID”和“ErrorInfo”中找到
ErrorID	OUT	Word	参数“ErrorID”的错误 ID
ErrorInfo	OUT	Word	参数“ErrorInfo”的错误信息

5.4.4 PROFINET 网络的伺服运动控制系统构建

5.4.4.1 控制要求

1. 单轴滑台的回零点运动控制

伺服电动机在需要按具体位置数据进行定点运动时，需要先回归零点，确定起始运动点位置数据，以该位置为参考点进行定点运动，需要使用回归零点指令。注意回归零点时，启动指令信号要保持接通状态。

2. 单轴滑台的点动运动控制

通过 PLC 的输入按钮，接通点动运动控制指令，根据点动信号的接通时间使伺服电动机按设定的速度转动。

3. 单轴滑台的相对位置运动控制

相对位置运动控制是指以伺服电动机当前所在位置作为起始运动点，接通相对位置控制指令，按设置的位置、速度数据进行定位运动。注意在相对定位时，启动指令信号要保持接通状态。

4. 单轴滑台的绝对位置运动控制

绝对位置运动控制是指以伺服电动机回归零点后所在的零点位置作为起始运动点，接通绝对位置控制指令，按设置的位置、速度数据进行定位运动。绝对位置的运动控制在设备断电重上电后未回归零点时无法使用，需要回归零点后才能使用。

5.4.4.2 系统结构

S7-1215 PLC 作为通信控制器，Maxsine EP3E 伺服驱动器作为单轴滑台运动机构的伺服控制器，单轴滑台运动机构作为被控对象。触摸屏作为控制界面，下发指令以及接收伺服控制器的位置、速度等信息。图 5-34 所示为伺服运动控制系统的结构图。

交流伺服电动机执行定位过程由伺服控制器控制，伺服控制器中集成了位置控制功能，利用 PLC 将目标位置、速度等参数写到伺服控制器的对应参数中，通过控制字触发伺服控制器的一个运动块的调用，伺服控制器根据参数中存贮的数据完成一个定位。定位完成后伺服控制器返回一个定位完成信号给 PLC。

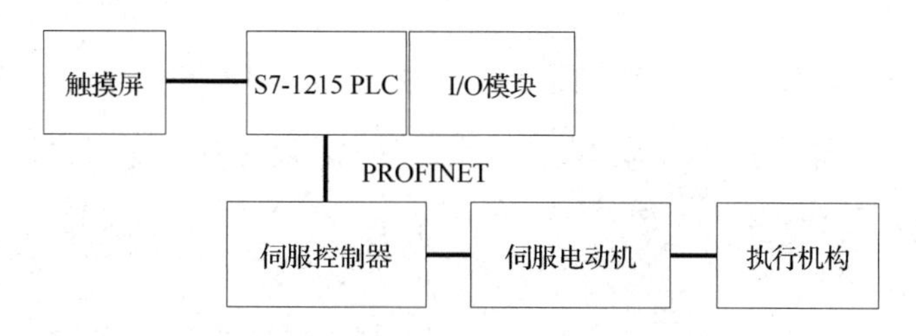

图 5-34　伺服运动控制系统的结构图

5.4.4.3　系统创建过程

PROFINET 的运动控制系统组态

1. 新建项目

组态硬件，添加 1 个 S7-1215 PLC，设置 IP 地址为 192.168.1.1。单击“添加新子网”按钮，选择“PN/IE_1”选项。

2. 安装 GSD 文件

选择 GSDML 存放的路径，选中 Maxsine EP3E 伺服驱动器对应的 GSDML 文件，然后安装。

3. 系统网络组态

选择“项目树”→“设备和网络”→硬件目录→“其它现场设备”→“PROFINET IO”→“Drives”→“Maxsine”命令，找到硬件目录中的伺服驱动器，如图 5-35 所示。

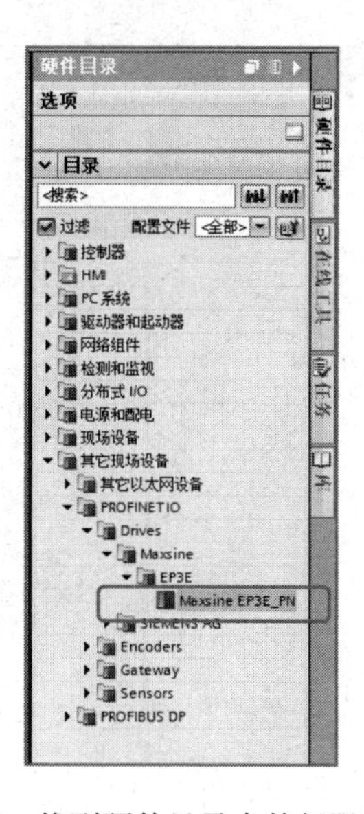

图 5-35　找到硬件目录中的伺服驱动器

双击“Maxsine EP3E_PN”选项，显示网络视图，如图 5-36 所示。在图 5-37 所示界面中双击左下方的小方框，进入伺服驱动器的组态界面，设置 IP 地址为 192.168.1.3，添加报文，选择标准报文 3，如图 5-38 所示。

图 5-36　网络视图

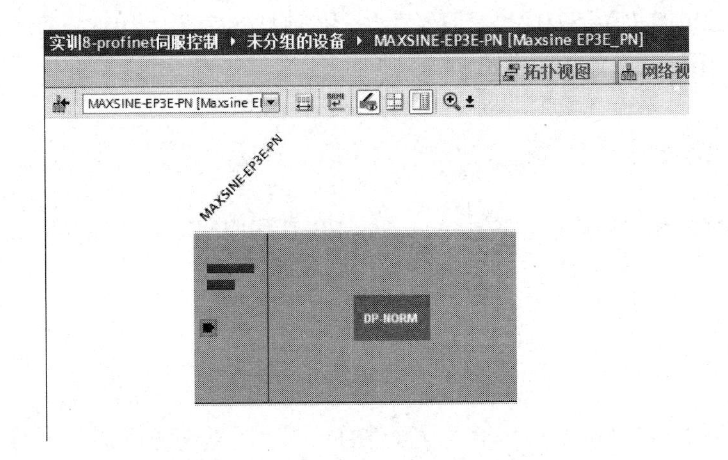

图 5-37　双击左下方的小方框

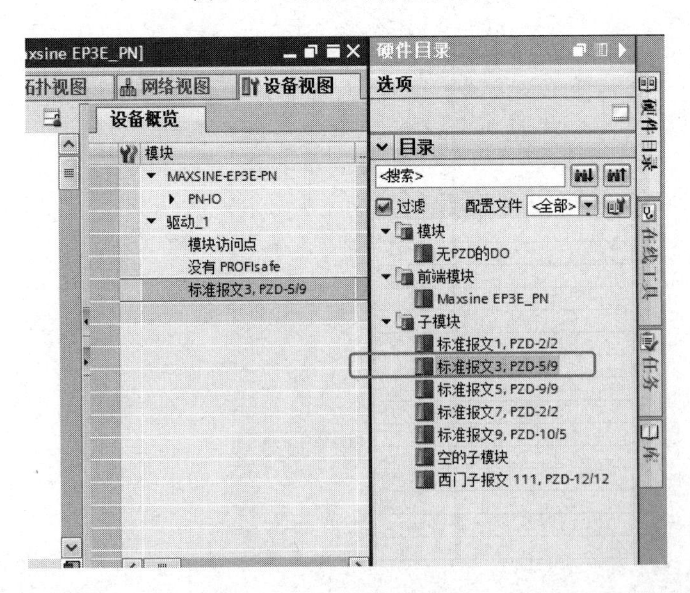

图 5-38　选择标准报文 3

可以看到 GSD 文件的安装信息，如图 5-39 所示。

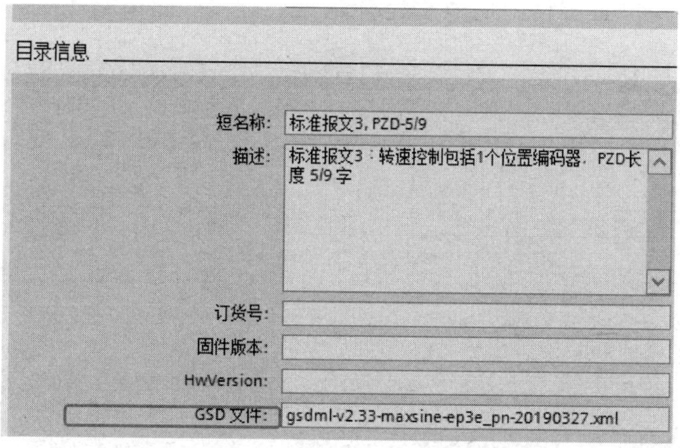

目录信息

短名称：标准报文3，PZD-5/9

描述：标准报文3：转速控制包括1个位置编码器，PZD长度 5/9 字

订货号：

固件版本：

HwVersion：

GSD 文件：gsdml-v2.33-maxsine-ep3e_pn-20190327.xml

图 5-39　GSD 文件的安装信息

在“设备概览”选区中查看它的数据通信的 I/O，如图 5-40 所示，没有分配通信地址。

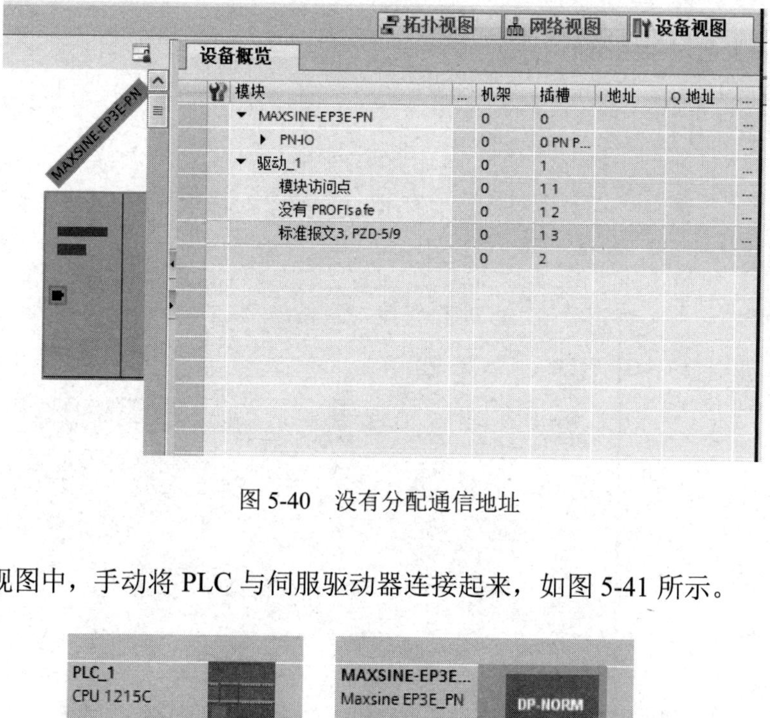

拓扑视图　网络视图　设备视图

设备概览

MAXSINE-EP3E-PN

模块	...	机架	插槽	I 地址	Q 地址	...
▼ MAXSINE-EP3E-PN		0	0			...
▶ PN-IO		0	0 PN P...			...
▼ 驱动_1		0	1			...
模块访问点		0	1 1			...
没有 PROFIsafe		0	1 2			...
标准报文3，PZD-5/9		0	1 3			...
		0	2			

图 5-40　没有分配通信地址

在网络视图中，手动将 PLC 与伺服驱动器连接起来，如图 5-41 所示。

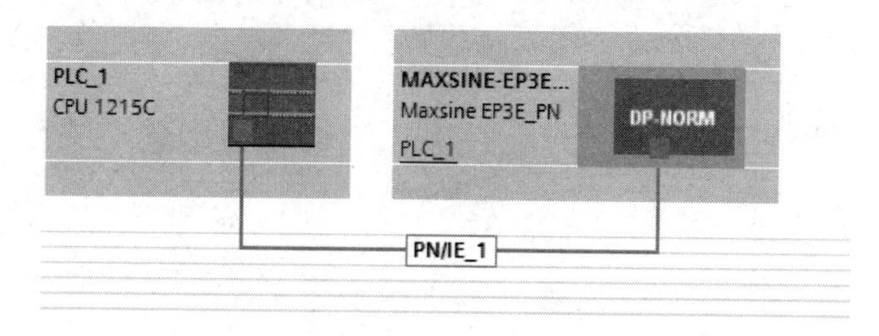

图 5-41　手动将 PLC 与伺服驱动器连接起来

在图 5-41 显示的界面中，双击“Maxsine EP3E_PN”伺服驱动器，则 PLC 分配了与伺服驱动器进行通信的 I/O 地址，如图 5-42 所示。

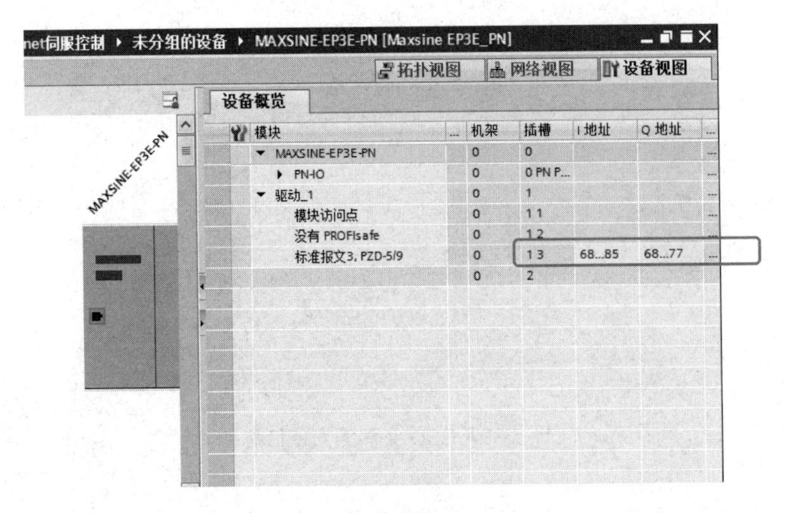

图 5-42　进行通信的 I/O 地址

5.4.4.4　工艺对象组态

1. 添加工艺对象

选择“工艺对象”→“新增对象”→“轴_1”命令，选中“PROFIdrive”单选按钮，如图 5-43 所示。

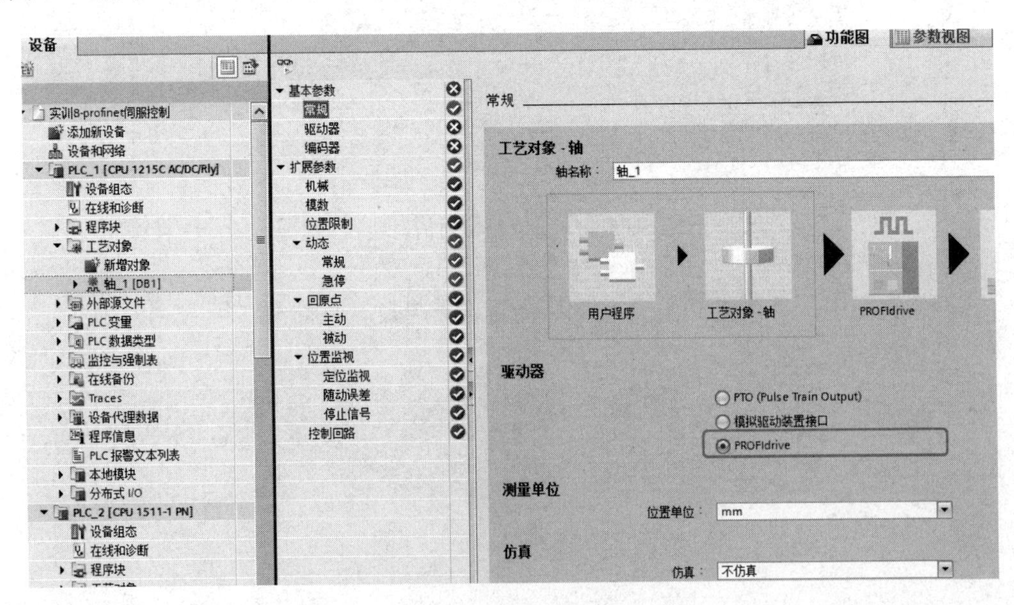

图 5-43　选中“PROFIdrive”单选按钮

2. 选择驱动器

选择驱动器，其参数设置如图 5-44 所示，分别设置“数据连接”“驱动器”“驱动器报文”“参考转速”“最大转速”。

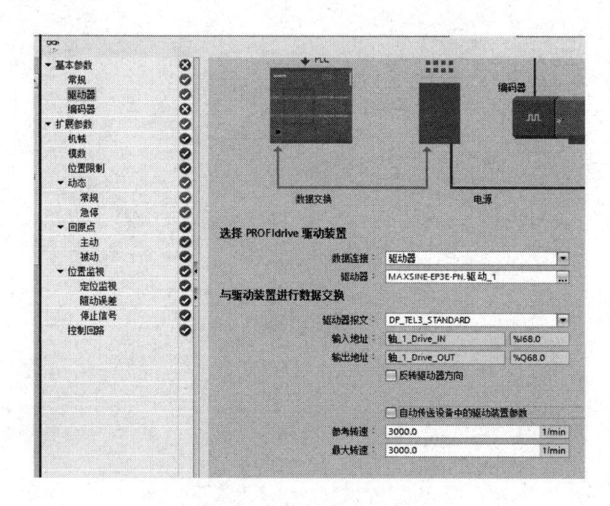

图 5-44　驱动器参数设置

3. 编码器

进入编码器设置页面，如图 5-45 所示，选中“PROFINET/PROFIBUS 上的编码器”单选按钮，再按照图 5-45 所示的内容，分别设置“数据连接”“PROFIdrive 编码器”“编码器报文”“编码器类型”“每转步数”“增量实际值中的位”。

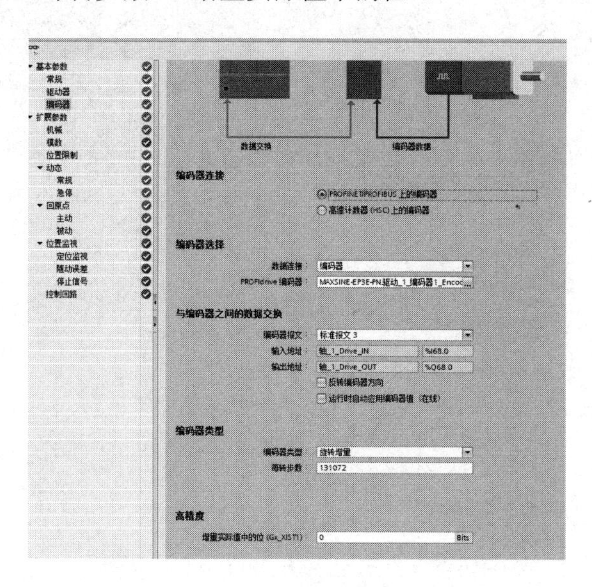

图 5-45　编码器设置页面

进入“编码器安装类型”选区，如图5-46所示，设置“编码器安装类型”，在“位置参数”选区设置“电机每转的负载位移”。

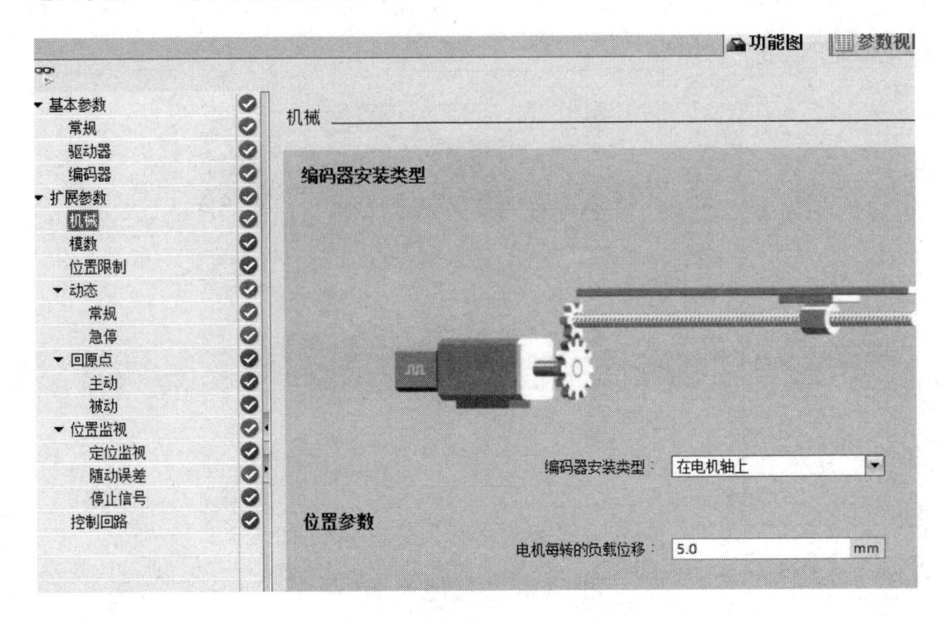

图5-46 “编码器安装类型”选区

进入“位置限制”选区，如图5-47所示，设置“硬和软限位开关”选区的各项参数。

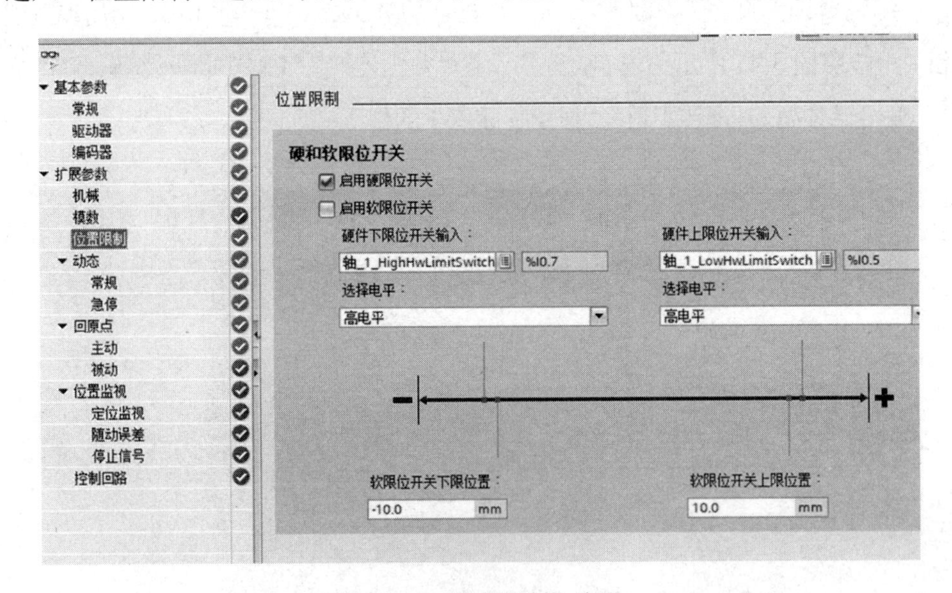

图5-47 “位置限制”选区

进入“常规”选区，如图5-48所示，设置“速度限值的单位”“最大转速”“加速度”“减速度”。

进入“回原点”选区，如图 5-49 所示，设置“选择归位模式”“逼近/回原点方向”“参考点开关一侧”“回原点速度”“逼近速度”。

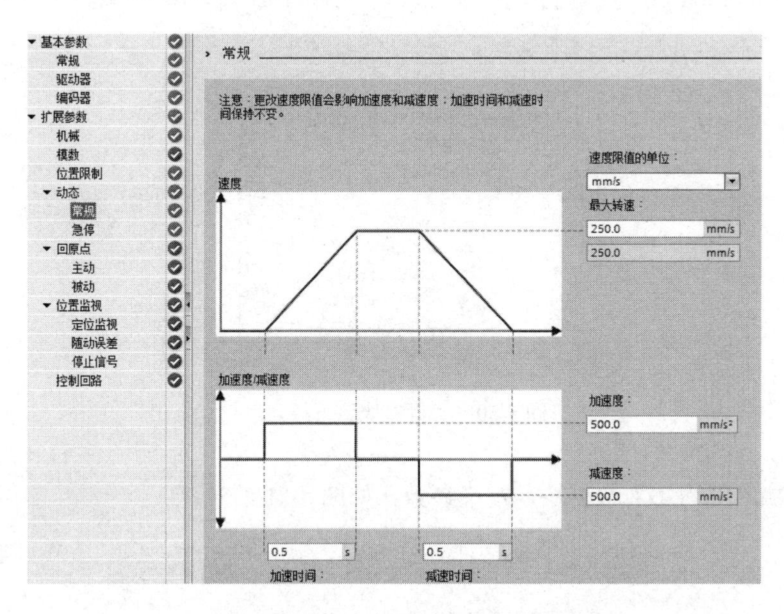

图 5-48　“常规”选区

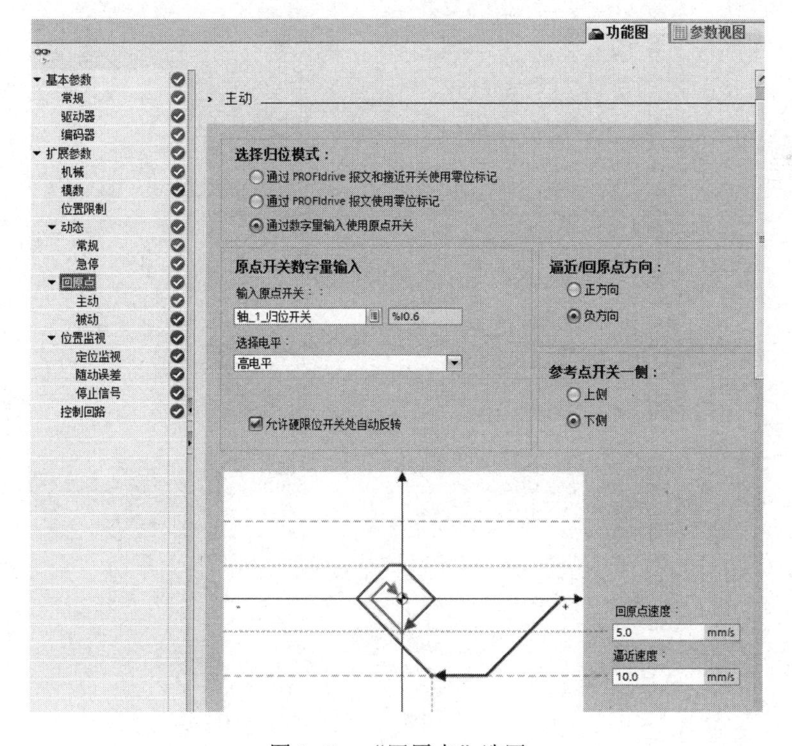

图 5-49　“回原点”选区

5.4.4.5 伺服控制软件编程

（1）在 S7-1200 PLC 中编写程序，添加“SV_ControL”程序块，“程序块”下拉列表如图 5-50 所示。

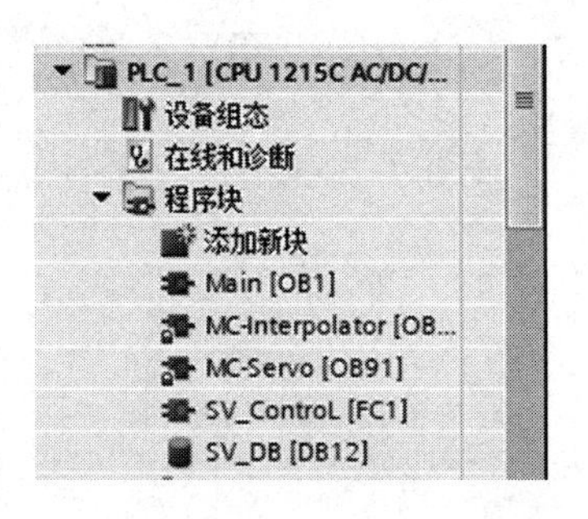

图 5-50 “程序块”下拉列表

（2）添加“SV_DB”数据块，定义参数，如图 5-51 所示。

SV_DB

名称	数据类型	偏移量	起始值	保持
Static				
MC_Power	Struct	0.0		
Enable	Bool	0.0	false	
Status	Bool	0.1	false	
Error	Bool	0.2	false	
MC_Reset	Struct	2.0		
Execute	Bool	2.0	false	
Done	Bool	2.1	false	
Error	Bool	2.2	false	
MC_Halt	Struct	4.0		
Execute	Bool	4.0	false	
Done	Bool	4.1	false	
Error	Bool	4.2	false	
MC_Home	Struct	6.0		
Execute	Bool	6.0	false	
Done	Bool	6.1	false	
Error	Bool	6.2	false	
MC_MoveJog	Struct	8.0		
JogForward	Bool	8.0	false	
JogBackward	Bool	8.1	false	
Error	Bool	8.2	false	
Velocity	Real	10.0	0.0	
MC_MoveAbsolute	Struct	14.0		
Execute	Bool	14.0	false	
Position	Real	16.0	0.0	
Velocity	Real	20.0	0.0	
Done	Bool	24.0	false	
Error	Bool	24.1	false	
MC_MoveRelative	Struct	26.0		
Execute	Bool	26.0	false	
Distance	Real	28.0	0.0	
Velocity	Real	32.0	0.0	
Done	Bool	36.0	false	
Error	Bool	36.1	false	

图 5-51 定义参数

（3）编写主程序，如图 5-52 所示。

Main
块标题： "Main Program Sweep (Cycle)"
注释
程序段 1：
注释
%FC1
"SV_ControL"
EN
ENO

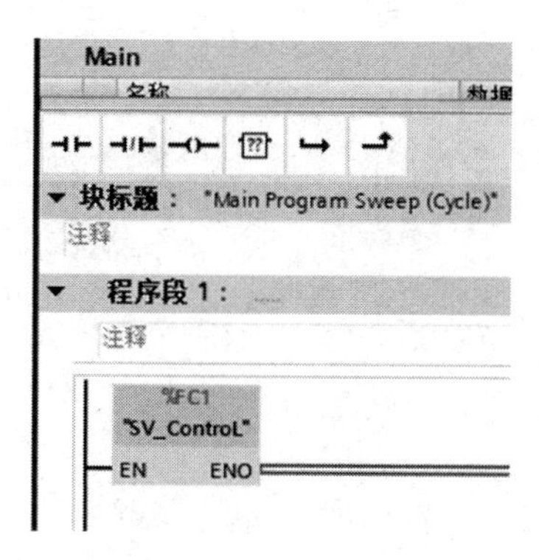

图 5-52　主程序

（4）编写子程序，如图 5-53～图 5-59 所示。

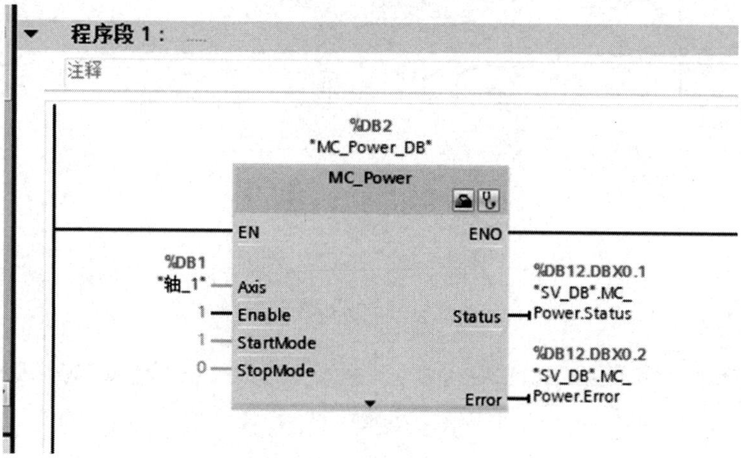
程序段 1：
注释
%DB2
"MC_Power_DB"
MC_Power
EN
ENO
%DB1
"轴_1"
Axis
1
Enable
1
StartMode
0
StopMode
Status
Error
%DB12.DBX0.1
"SV_DB".MC_
Power.Status
%DB12.DBX0.2
"SV_DB".MC_
Power.Error

图 5-53　子程序（1）

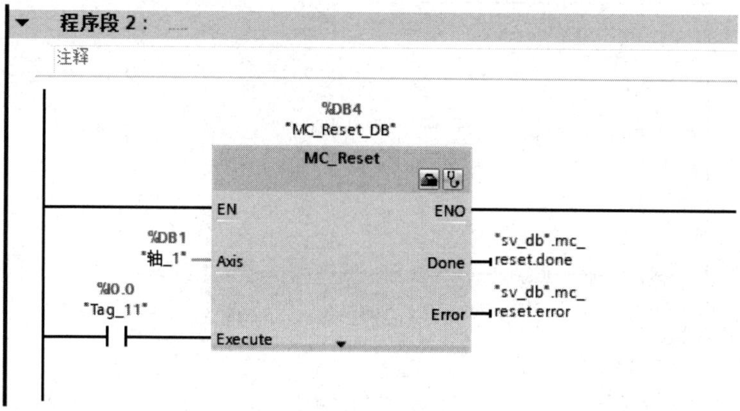
程序段 2：
注释
%DB4
"MC_Reset_DB"
MC_Reset
EN
ENO
%DB1
"轴_1"
Axis
%I0.0
"Tag_11"
Execute
Done
Error
"sv_db".mc_
reset.done
"sv_db".mc_
reset.error

图 5-54　子程序（2）

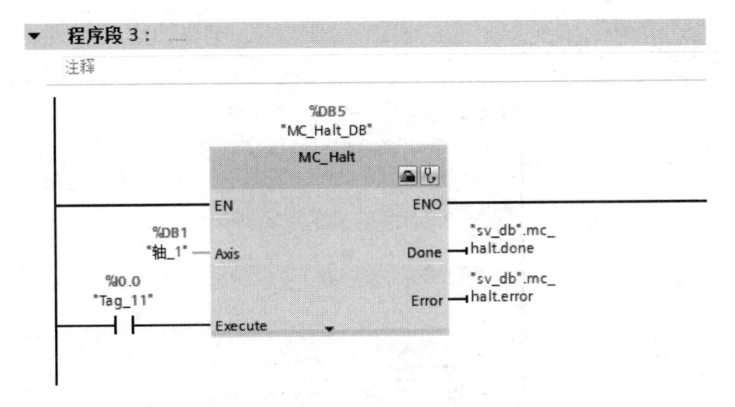

图 5-55　子程序（3）

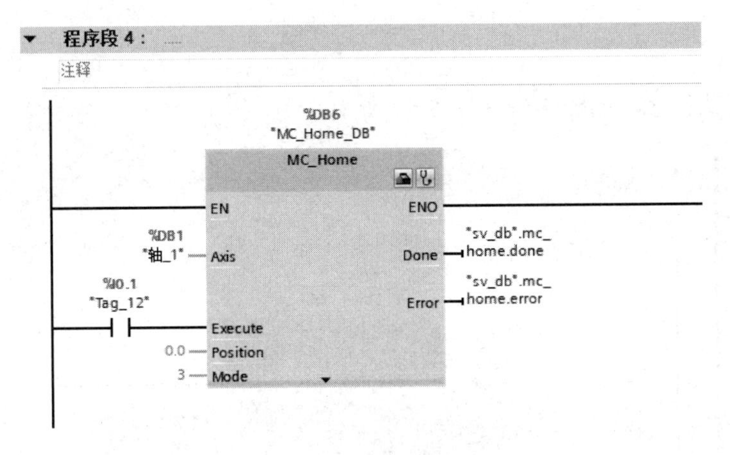

图 5-56　子程序（4）

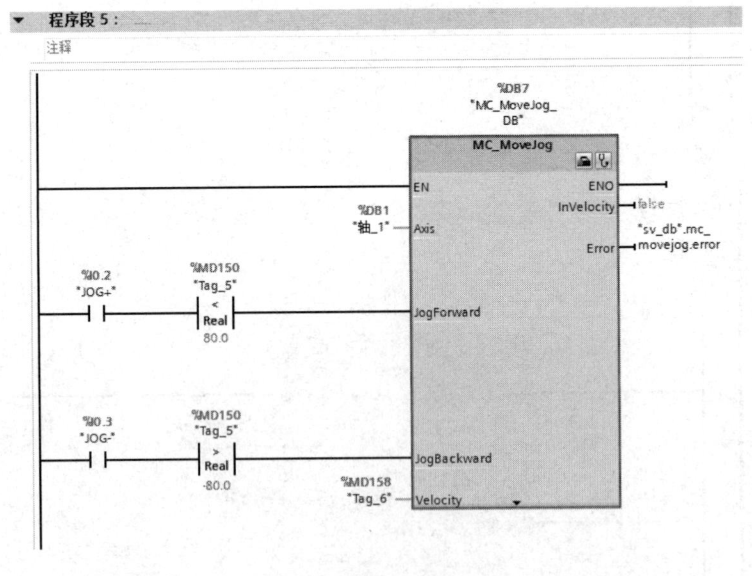

图 5-57　子程序（5）

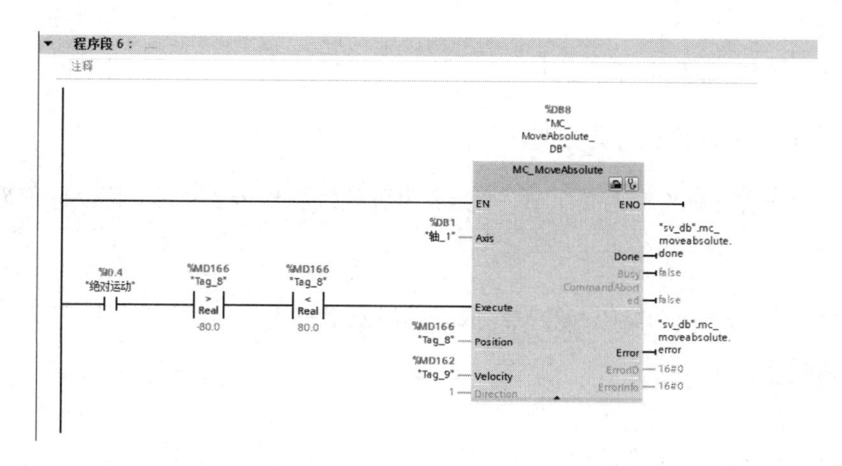

图 5-58　子程序（6）

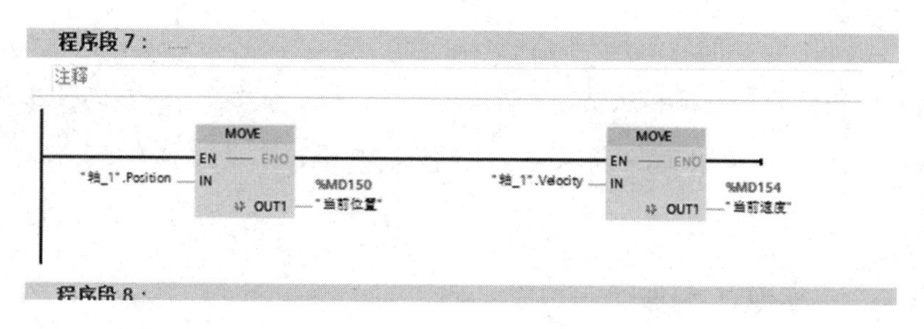

图 5-59　子程序（7）

5.4.4.6　测试

回原点指令测试：先停止/复位，再回原点。

点动指令测试：先停止/复位，给定速度值，按点动按钮，执行点动。

绝对运动指令测试：先停止/复位，给定速度值，按绝对运动按钮，执行绝对运动。

任务 5.5　Modbus TCP 网络的控制系统构建与运行

5.5.1　Modbus TCP 通信

Schneider 公司推出基于以太网 TCP/IP 的 Modbus 协议，即 Modbus TCP。

Modbus TCP 使 Modbus RTU 协议运行于以太网，使用 TCP/IP 和以太网在站点间传送 Modbus 报文，Modbus TCP 结合了以太网物理网络和网络标准 TCP/IP，以及以 Modbus 协议作为应用协议标准的数据表示方法，通信报文被封装在以太网 TCP/IP 数据包中。

5.5.1.1 ModbusTCP 的数据帧

Modbus TCP 的数据帧可分为两部分：MBAP 和 PDU。

MBAP 为报文头，长度为 7 字节，组成：事务处理标识为 2 字节，协议标识为 2 字节，长度为 2 字节，单元标识符为 1 字节。

PDU 为帧结构，由功能码和数据组成。功能码参见表 3-2，长度为 1 字节，数据长度不定，由具体功能决定。

5.5.1.2 Modbus TCP 通信

1. 通信方式

Modbus 设备可分为主站和从站。主站只有一个，从站有多个，主站向各从站发送请求帧，从站给予响应。在使用 TCP 通信时，主站为客户端，主动建立连接；从站为服务器，等待连接。

主站请求：功能码 + 数据。

从站正常响应：请求功能码 + 响应数据。

从站异常响应：异常功能码 + 异常码，其中异常功能码即将请求功能码的最高有效位置 1，异常码指示差错类型。

互联网编号分配机构（Internet Assigned Numbers Authority，IANA）给 Modbus 协议赋予 TCP 端口号为 502，这是目前在仪表与自动化行业中唯一分配到的端口号。

2. 通信过程

connect 命令建立 TCP 连接，准备 Modbus 报文，使用 send 命令发送报文，在同一连接下等待应答，使用 recv 命令读取报文，完成一次数据交换，通信任务结束时，关闭 TCP 连接。

5.5.2 S7-1200/1500 PLC 之间的 Modbus TCP 通信控制系统

5.5.2.1 S7-1200/1500 PLC 集成 PN 接口 Modbus TCP 通信

S7-1200/1500 PLC 本体上集成了一个 PROFINET 通信口，支持以太网和基于 TCP/IP 和 UDP 的通信标准。这个 PROFINET 通信口是支持 10/100Mbps 的 RJ45 接口，支持电缆交叉自适应，因此一个标准的或是交叉的以太网线都可以采用这个通信口。使用这个通信口可以实现 S7-1200/1500 PLC 与编程设备的通信、与 HMI 触摸屏的通信，以及与其他 PLC 之间的通信。

Modbus TCP 协议是标准的网络通信协议，通过 CPU 上的 PN 接口进行 TCP/IP 通信，不需要额外的通信硬件模块，Modbus TCP 使用开放式用户通信连接作为 Modbus 通信路径，所支持的混合客户机和服务器连接数最大为 CPU 所允许的最大开放式用户通信连接数，即 8 个。博途软件从 STEP7 V11 SP1 版本开始，S7-1200/1500 PLC 从 Firmware V1.0.2 开始，不再需要安装 Modbus TCP 的库文件，可以直接调用 Modbus TCP 的库指令“MB_CLIENT”和“MB_SERVER”实现 Modbus TCP 通信功能。

5.5.2.2　控制要求

采用 Modbus TCP 通信方式实现两个 PLC 之间的数据通信，在博途软件 V15/V16 中新建一个项目，分别组态 S7-1215 PLC1 作为客户端，S7-1511 PLC2 作为服务器。

（1）客户端 PLC1 通过 Modbus TCP 协议实现写入数据到服务器 PLC2 中，客户端 PLC1 将 DB1.DBW0～DB1.DBW9 共 10 个字数据写入到服务器 PLC2 的 DB20.DBW0～DB20.DBW9 中。

（2）客户端 PLC1 通过 Modbus TCP 协议实现读取服务器 PLC2 数据到客户端 PLC1 中，客户端 PLC1 读取服务器 PLC2 的 40001～40006 共 6 个字数据并存储到客户端 PLC1 的接收数据块中。

5.5.2.3　Modbus TCP 写入数据的实现过程

以客户端 PLC1 与服务器 PLC2 之间进行 Modbus TCP 通信为例，详细阐述客户端与服务器如何组态、编程及实现写入数据的通信过程。

1. 客户端 PLC1 的组态

添加设备 PLC1，进入项目界面，在“项目树”选区中，单击“添加新设备”选项，添加 S7-1215C AC/DC/ RLY，设置 IP 地址为 192.168.0.1，PLC1 作为客户端。因编程时需要用到时钟存储器 M0.5，故选择“属性”→“常规”→“系统和时钟存储器”命令，然后勾选“系统和时钟存储器”复选框。

2. 创建客户端 PLC1 的发送数据块 DB1

在程序块中添加数据块 DB1，数据块名称为“发送数据”，数据块编号为 1，在数据块 DB1 中添加“send_data”数组，包含 10 个字用于存储发送数据，去掉“优化的块访问”复选框的勾选。“send_data”数组如图 5-60 所示。

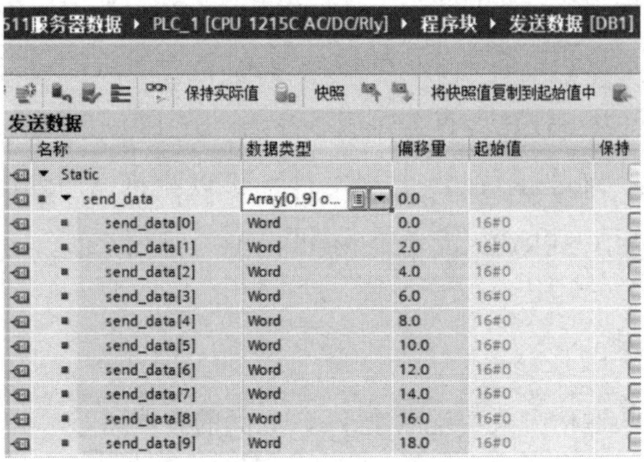

511服务器数据 ▸ PLC_1 [CPU 1215C AC/DC/Rly] ▸ 程序块 ▸ 发送数据 [DB1]

保持实际值 快照 将快照值复制到起始值中

发送数据

名称	数据类型	偏移量	起始值	保持
▼ Static				
▼ send_data	Array[0..9] o...	0.0		
send_data[0]	Word	0.0	16#0	
send_data[1]	Word	2.0	16#0	
send_data[2]	Word	4.0	16#0	
send_data[3]	Word	6.0	16#0	
send_data[4]	Word	8.0	16#0	
send_data[5]	Word	10.0	16#0	
send_data[6]	Word	12.0	16#0	
send_data[7]	Word	14.0	16#0	
send_data[8]	Word	16.0	16#0	
send_data[9]	Word	18.0	16#0	

图 5-60 “send_data”数组

3. 创建客户端 PLC1 通信指令连接参数数据块 DB2

由于调用的 Modbus TCP 通信函数中没有配置向导，所以必须手动建立通信的数据块。在程序块中添加数据块 DB2，数据块名称为“通信指令连接参数”，数据块编号为 2，在数据块 DB2 中添加“通信设置”变量，数据类型为“TCON_IP_v4”，TCON_IP_v4 是系统数据类型，不是在 PLC 数据类型中选择的（可以将 TCON_IP_v4 拷贝到该对话框中，然后按“回车”键）。“通信设置”变量（1）如图 5-61 所示。各个参数的定义说明（1）如表 5-9 所示。

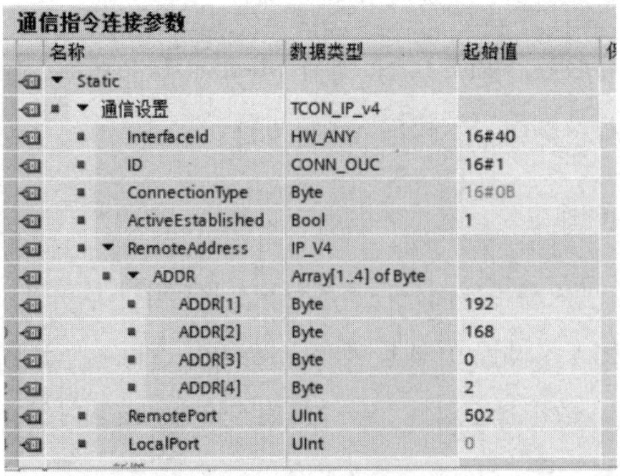

通信指令连接参数

名称	数据类型	起始值	保
▼ Static			
▼ 通信设置	TCON_IP_v4		
InterfaceId	HW_ANY	16#40	
ID	CONN_OUC	16#1	
ConnectionType	Byte	16#0B	
ActiveEstablished	Bool	1	
▼ RemoteAddress	IP_V4		
▼ ADDR	Array[1..4] of Byte		
ADDR[1]	Byte	192	
ADDR[2]	Byte	168	
ADDR[3]	Byte	0	
ADDR[4]	Byte	2	
RemotePort	UInt	502	
LocalPort	UInt	0	

图 5-61 “通信设置”变量（1）

表 5-9　各个参数的定义说明（1）

参数	说明
InterfaceId	硬件标识符，在“设备组态”界面中，双击“PROFINET 接口”选项，然后在“属性”选项卡中的“系统常数”选项卡中可以找到硬件标识符，如图 5-62 所示。也可以在默认变量表的系统常量中找到 PROFINET 接口的硬件标识符。对于本体网口，其硬件标识符为 64，即 16#40
ID	连接 ID，取值范围为 1～4095，本例取值为 1
ConnectionType	连接类型，TCP 连接默认为 16#0B（十进制=11）
ActiveEstablished	建立连接，主动为 1（客户端），被动为 0（服务器）
RemoteAddress	服务器侧的 IP 地址，此实例为 192.168.0.2
RemotePort	远程端口号，默认值为 502。该端口号为客户端与服务器进行通信的 IP 端口号
LocalPort	本地端口号，对于 MB_Client 连接，该值必须为 0

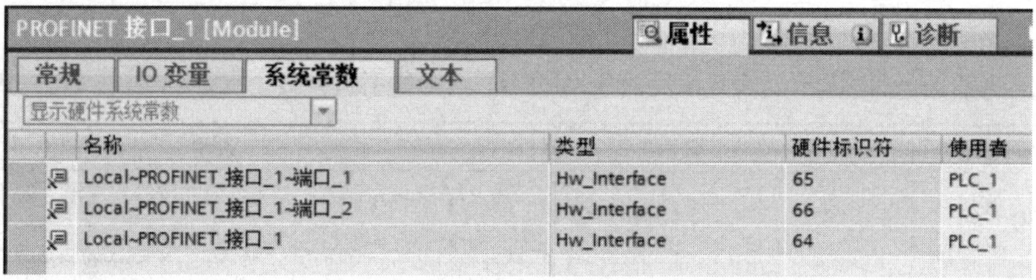

PROFINET 接口_1 [Module]　属性　信息　诊断

常规　IO 变量　系统常数　文本

显示硬件系统常数

名称	类型	硬件标识符	使用者
Local~PROFINET_接口_1~端口_1	Hw_Interface	65	PLC_1
Local~PROFINET_接口_1~端口_2	Hw_Interface	66	PLC_1
Local~PROFINET_接口_1	Hw_Interface	64	PLC_1

图 5-62　硬件标识符

4. 创建客户端 PLC1 的变量表

为了方便编写程序，选择“PLC 变量”→“添加新变量”→“变量表 1”命令，定义变量。PLC1 变量表如图 5-63 所示。

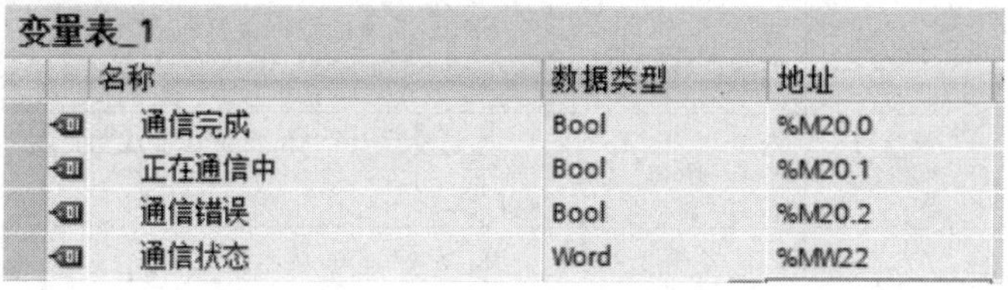

变量表_1

名称	数据类型	地址
通信完成	Bool	%M20.0
正在通信中	Bool	%M20.1
通信错误	Bool	%M20.2
通信状态	Word	%MW22

图 5-63　PLC1 变量表

5. 编写客户端 PLC1 的程序

在程序块 OB1 中，选择“指令”→“通信”→“其他”→“MODBUS_TCP”命令，调用 MB_CLIENT 指令，该指令如图 5-64 所示。MB_CLIENT 指令是 Modbus TCP 客户端指令，可以在客户端和服务器之间建立通信连接、发送 Modbus 请求、接收响应和控制服务器断开。MB_CLIENT 指令的引脚参数如表 5-10 所示。

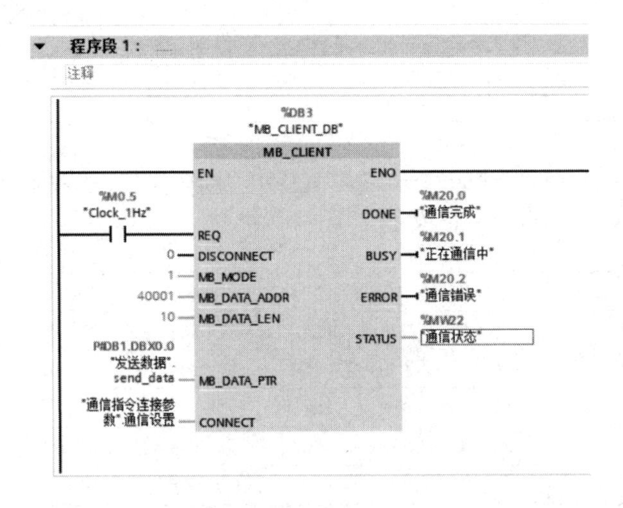

图 5-64　MB_CLIENT 指令

表 5-10　MB_CLIENT 指令的引脚参数

引脚参数	I/O	数据类型	说明
REQ	IN	Bool	请求与 Modbus TCP 服务器建立或终止连接，为 1 时请求连接，为 0 时请求终止
DISCONNECT	IN	Bool	控制与 Modbus TCP 服务器建立或终止连接，为 0 时建立连接，为 1 时终止连接
MB_MODE	IN	USInt	选择 Modbus 的请求模式（读取、写入或诊断） 为 0 时为“读取”，为 1 时为“写入”
MB_DATA_ADDR	IN	UDInt	Modbus 通信地址区开始地址
MB_DATA_LEN	IN	UInt	Modbus 通信地址区数据长度，数据访问的位或字的个数
MB_DATA_PTR	IN/OUT	VARIANT	指向待从 Modbus 服务器接收数据的数据缓冲区或指向待发送到 Modbus 服务器的数据所在数据缓冲区的指针
CONNECT	IN/OUT	VARIANT	引用包含系统数据类型为 TCON_IP_v4 的通信连接参数的数据块
DONE	OUT	Bool	如果最后一个 Modbus 作业成功完成，则 DONE 将立即置位为“1”
BUSY	OUT	Bool	0：无 Modbus 请求在进行中 1：正在处理 Modbus 请求
ERROR	OUT	Bool	0：无错误 1：出错。出错原因由参数“STATUS”指示
STATUS	OUT	Word	当该指令产生错误时，表示错误信息

6. 服务器 PLC2 的组态

添加设备 PLC2，单击“添加新设备”选项，添加 S7-1511-1 PN，设置 IP 地址为 192.168.0.2，PLC2 作为服务器。

7. 创建服务器 PLC2 的接收数据块 DB20

在程序块中添加数据块 DB20，数据块名称为“接收数据”，数据块编号为 20，在数据块 DB20 中添加“RD”数组，包含 10 个字用于存储接收数据，去掉“优化的块访问”复选框的勾选。“RD”数组如图 5-65 所示。

端读1511服务器数据 ▸ PLC_2 [CPU 1511-1 PN] ▸ 程序块 ▸ 接收数据 [DB20]

保持实际值　快照　将快照值复制到起始值中

接收数据

名称	数据类型	偏移量	起始值	保持
▼ Static				
▼ RD	Array[0..9] of Word	0.0		
RD[0]	Word	0.0	16#0	
RD[1]	Word	2.0	16#0	
RD[2]	Word	4.0	16#0	
RD[3]	Word	6.0	16#0	
RD[4]	Word	8.0	16#0	
RD[5]	Word	10.0	16#0	
RD[6]	Word	12.0	16#0	
RD[7]	Word	14.0	16#0	
RD[8]	Word	16.0	16#0	
RD[9]	Word	18.0	16#0	

图 5-65　“RD”数组

8. 创建服务器 PLC2 通信指令连接参数数据块 DB21

在程序块中添加数据块 DB21，数据块名称为“通信指令连接参数”，数据块编号为 21，在数据块 DB21 中添加“通信设置”变量，数据类型为“TCON_IP_v4”，TCON_IP_v4 是系统数据类型，不是在 PLC 数据类型中选择的（可以将 TCON_IP_v4 拷贝到该对话框中，然后按“回车”键）。“通信设置”变量（2）如图 5-66 所示。各个参数的定义说明（2）如表 5-11 所示。

数据 ▸ PLC_2 [CPU 1511-1 PN] ▸ 程序块 ▸ 通信指令连接参数 [DB21]

保持实际值　快照　将快照值复制到起始值中

通信指令连接参数

名称	数据类型	起始值	保持
▼ Static			
▼ 通信设置	TCON_IP_v4		
InterfaceId	HW_ANY	16#40	
ID	CONN_OUC	16#1	
ConnectionType	Byte	16#0B	
ActiveEstablished	Bool	0	
▼ RemoteAddress	IP_V4		
▼ ADDR	Array[1..4] of Byte		
ADDR[1]	Byte	192	
ADDR[2]	Byte	168	
ADDR[3]	Byte	0	
ADDR[4]	Byte	1	
RemotePort	UInt	0	
LocalPort	UInt	502	

图 5-66　“通信设置”变量（2）

表 5-11　各个参数的定义说明（2）

参数	说明
InterfaceId	硬件标识符，在“设备组态”界面中，双击“PROFINET 接口”选项，然后在“属性”选项卡中的“系统常数”选项卡中可以找到硬件标识符，如图 5-62 所示。也可以在默认变量表的系统常量中找到 PROFINET 接口的硬件标识符。对于本体网口，其硬件标识符为 64，即 16#40
ID	连接 ID，取值范围为 1～4095，本例取值为 1
ConnectionType	连接类型，TCP 连接默认为 16#0B（十进制=11）
ActiveEstablished	建立连接，服务器为被动，输入 0
RemoteAddress	客户端的 IP 地址，此实例为 192.168.0.1
RemotePort	远程端口号，客户端的 IP 端口号为 0
LocalPort	默认为 502

9. 创建服务器 PLC2 的变量表

为了方便编写程序，选择“PLC 变量”→“添加新变量”→“变量表 1”命令，定义变量。PLC2 变量表如图 5-67 所示。

变量表_1

名称	数据类型	地址
数据写入完成	Bool	%M20.0
数据读取完成	Bool	%M20.1
通信错误	Bool	%M20.2
通信状态	Word	%MW22

图 5-67　PLC2 变量表

10. 编写服务器 PLC2 的程序

在程序块 OB1 中，选择“指令”→“通信”→“其他”→“MODBUS_TCP”命令调用 MB_SERVER 指令，该指令如图 5-68 所示。MB_SERVER 指令是 Modbus TCP 服务器指令，可以在客户端和服务器之间建立通信连接、接收 Modbus 请求并响应。MB_SERVER 指令的引脚参数如表 5-12 所示。

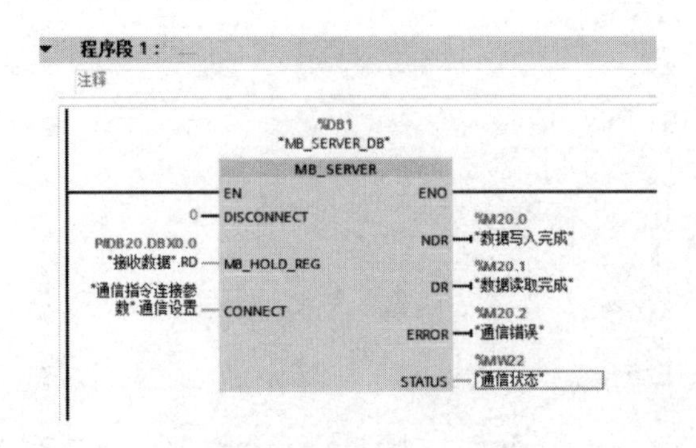

图 5-68　MB_SERVER 指令

表 5-12 MB_SERVER 指令的引脚参数

引脚参数	I/O	数据类型	说明
DISCONNECT	IN	Bool	当 Modbus TCP 服务器收到连接请求时： DISCONNECT = 0 表示建立被动连接 DISCONNECT = 1 表示连接终止
MB_HOLD_REG	IN/OUT	VARIANT	指向 MB_SERVER 指令中 Modbus 保持寄存器的指针
CONNECT	IN/OUT	VARIANT	引用包含系统数据类型为 TCON_IP_v4 的通信连接参数的数据块
NDR	OUT	Bool	0：表示无新数据 1：表示从 Modbus 客户端有新的数据写入
DR	OUT	Bool	0：表示无数据被读取 1：表示有数据被读取
ERROR	OUT	Bool	0：无错误 1：出错。出错原因由参数“STATUS”指示
STATUS	OUT	Word	当该指令产生错误时，表示错误信息

11. 程序测试

程序编译后，分别将客户端、服务器的程序下载到 PLC1、PLC2 中，启动运行并转至在线状态，在客户端 PLC1 中选择“监控与强制表”→“添加新监控表”→“监控表 1”命令，在“修改值”列，输入 10 个发送数据，如图 5-69 所示。单击“立即一次性修改所有选定制”按钮，则“监视值”变为“修改值”，此值即客户端 PLC1 发送到服务器 PLC2 中的数据。打开服务器 PLC2 的接收数据块 DB20，监视所有接收的数据。服务器 PLC2 接收的数据如图 5-70 所示，在图中可以看到，服务器 PLC2 接收的 10 个数据完全与客户端 PLC1 发送的 10 个数据相同，证明了两个 PLC 之间通过 Modbus TCP 通信写入数据的实现方法完全正确。可以进一步修改客户端 PLC1 的发送数据，检查服务器 PLC2 接收的数据的变化。

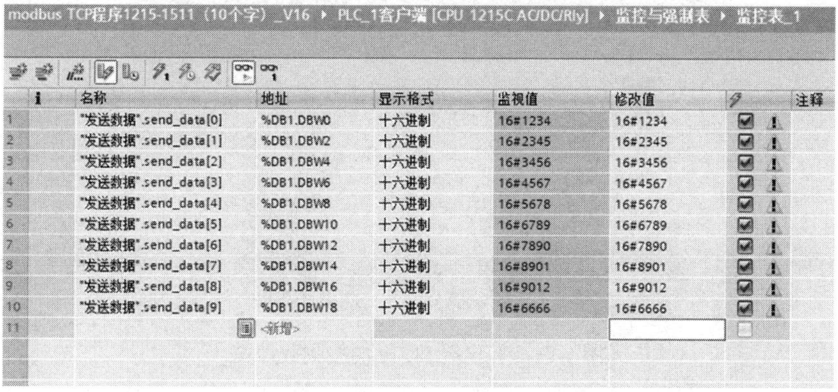

modbus TCP程序1215-1511（10个字）_V16 ▸ PLC_1客户端 [CPU 1215C AC/DC/Rly] ▸ 监控与强制表 ▸ 监控表_1

	i	名称	地址	显示格式	监视值	修改值		注释
1		"发送数据".send_data[0]	%DB1.DBW0	十六进制	16#1234	16#1234	☑ !	
2		"发送数据".send_data[1]	%DB1.DBW2	十六进制	16#2345	16#2345	☑ !	
3		"发送数据".send_data[2]	%DB1.DBW4	十六进制	16#3456	16#3456	☑ !	
4		"发送数据".send_data[3]	%DB1.DBW6	十六进制	16#4567	16#4567	☑ !	
5		"发送数据".send_data[4]	%DB1.DBW8	十六进制	16#5678	16#5678	☑ !	
6		"发送数据".send_data[5]	%DB1.DBW10	十六进制	16#6789	16#6789	☑ !	
7		"发送数据".send_data[6]	%DB1.DBW12	十六进制	16#7890	16#7890	☑ !	
8		"发送数据".send_data[7]	%DB1.DBW14	十六进制	16#8901	16#8901	☑ !	
9		"发送数据".send_data[8]	%DB1.DBW16	十六进制	16#9012	16#9012	☑ !	
10		"发送数据".send_data[9]	%DB1.DBW18	十六进制	16#6666	16#6666	☑ !	
11			<新增>					

图 5-69 输入 10 个发送数据

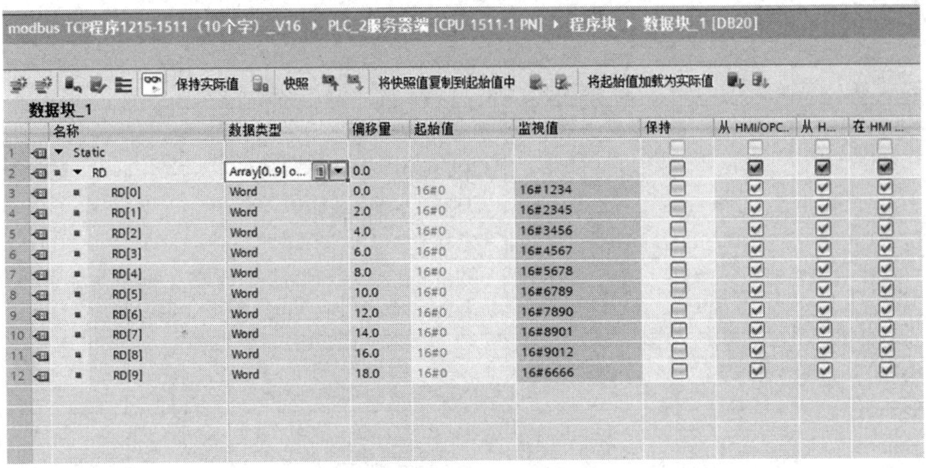

modbus TCP程序1215-1511（10个字）_V16 ▸ PLC_2服务器端 [CPU 1511-1 PN] ▸ 程序块 ▸ 数据块_1 [DB20]

保持实际值 快照 将快照值复制到起始值中 将起始值加载为实际值

数据块_1

	名称	数据类型	偏移量	起始值	监视值	保持	从 HMI/OPC...	从 H...	在 HMI ...
1	▼ Static					☐	☐	☐	☐
2	▼ RD	Array[0..9] o...	0.0			☐	☑	☑	☑
3	RD[0]	Word	0.0	16#0	16#1234	☐	☑	☑	☑
4	RD[1]	Word	2.0	16#0	16#2345	☐	☑	☑	☑
5	RD[2]	Word	4.0	16#0	16#3456	☐	☑	☑	☑
6	RD[3]	Word	6.0	16#0	16#4567	☐	☑	☑	☑
7	RD[4]	Word	8.0	16#0	16#5678	☐	☑	☑	☑
8	RD[5]	Word	10.0	16#0	16#6789	☐	☑	☑	☑
9	RD[6]	Word	12.0	16#0	16#7890	☐	☑	☑	☑
10	RD[7]	Word	14.0	16#0	16#8901	☐	☑	☑	☑
11	RD[8]	Word	16.0	16#0	16#9012	☐	☑	☑	☑
12	RD[9]	Word	18.0	16#0	16#6666	☐	☑	☑	☑

图 5-70 服务器 PLC2 接收的数据

5.5.2.4 Modbus TCP 读取数据的实现过程

以 S7-1215 PLC1 与 S7-1511 PLC2 之间进行 Modbus TCP 通信为例，实现 S7-1215 PLC1 读取 S7-1511 PLC2 的 40001～40006 共 6 个字数据并存储到 PLC1 的接收数据块中。在完成 Modbus TCP 写入数据的操作基础上，增加以下步骤实现客户端与服务器组态、编程及读取数据的通信。

1. 创建客户端 PLC1 的接收数据块 DB4

在程序块中添加数据块 DB4，数据块名称为“接收数据”，数据块编号为 4，在数据块 DB4 中添加“Rdata”数组，包含 6 个字用于存储来自服务器的数据，去掉“优化的块访问”复选框的勾选。客户端 PLC1 的接收数据块如图 5-71 所示。

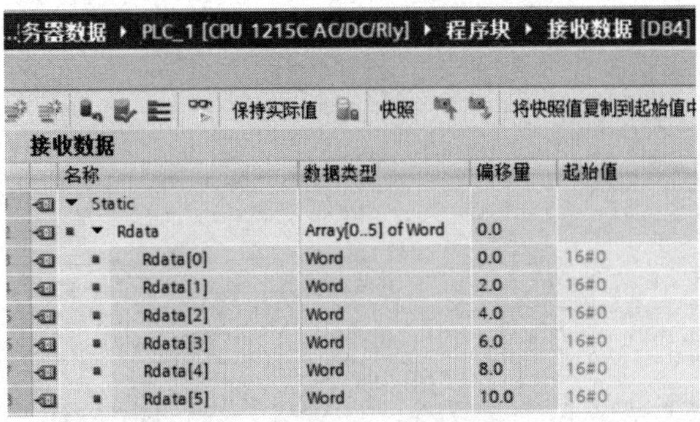

...务器数据 ▸ PLC_1 [CPU 1215C AC/DC/Rly] ▸ 程序块 ▸ 接收数据 [DB4]

保持实际值 快照 将快照值复制到起始值中

接收数据

	名称	数据类型	偏移量	起始值
1	▼ Static			
2	▼ Rdata	Array[0..5] of Word	0.0	
3	Rdata[0]	Word	0.0	16#0
4	Rdata[1]	Word	2.0	16#0
5	Rdata[2]	Word	4.0	16#0
6	Rdata[3]	Word	6.0	16#0
7	Rdata[4]	Word	8.0	16#0
8	Rdata[5]	Word	10.0	16#0

图 5-71 客户端 PLC1 的接收数据块

2. 编写客户端 PLC1 的程序

在程序块 OB1 中，选择“指令”→“通信”→“其他”→“MODBUS_TCP”命令，调用 MB_CLIENT 指令，该指令如图 5-72 所示。在客户端和服务器之间建立通信连接、发送 Modbus TCP 读取服务器 6 个字数据的请求，将接收到的数据保存在 PLC1 的接收数据块中。

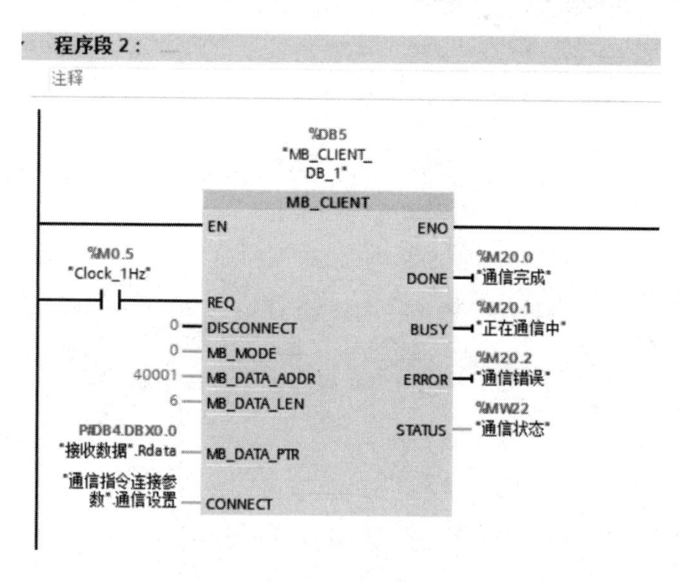

图 5-72　MB_CLIENT 指令

3. 创建服务器 PLC2 的存储数据块 DB22

在程序块中添加数据块 DB22，数据块名称默认为“数据块_1”，数据块编号为 22，在数据块 DB22 中添加“RD”数组，包含 6 个字用于存储待被客户端读取的数据，去掉“优化的块访问”复选框的勾选。服务器 PLC2 的存储数据块如图 5-73 所示。

11服务器数据 ▸ PLC_2 [CPU 1511-1 PN] ▸ 程序块 ▸ 数据块_1 [DB22]

保持实际值　快照　将快照值复制到起始值中

数据块_1

名称	数据类型	偏移量	起始值
▼ Static			
▼ RD	Array[0..5] of Word	0.0	
RD[0]	Word	0.0	16#0
RD[1]	Word	2.0	16#0
RD[2]	Word	4.0	16#0
RD[3]	Word	6.0	16#0
RD[4]	Word	8.0	16#0
RD[5]	Word	10.0	16#0

图 5-73　服务器 PLC2 的存储数据块

4. 编写服务器 PLC2 的程序

在程序块 OB1 中，选择“指令”→“通信”→“其他”→“MODBUS_TCP”命令，调用 MB_SERVER 指令，该指令如图 5-74 所示，接收客户端的读取数据请求，并响应。

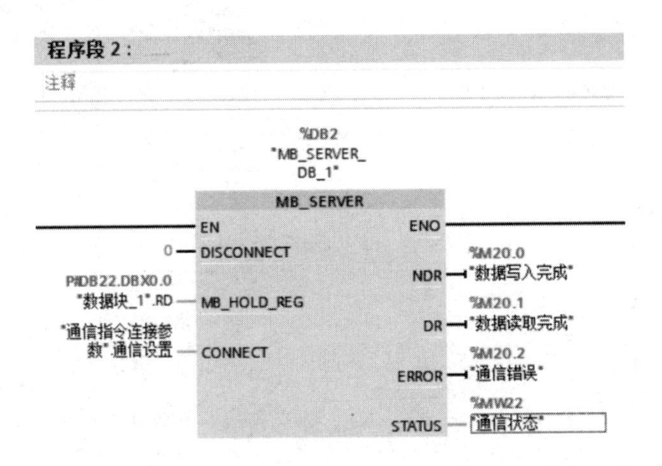

图 5-74　PLC2 的 MB_SERVER 指令

5. 程序测试

程序编译后，分别将客户端、服务器的程序下载到 PLC1、PLC2 中，启动运行并转至在线状态，在服务器 PLC2 中选择“监控与强制表”→“添加新监控表”→“监控表 1”命令，在“修改值”列，输入 6 个数据，如图 5-75 所示。单击“立即一次性修改所有选定制”按钮，则“监视值”变为“修改值”，此值即服务器 PLC2 存储区中的数据。打开客户端 PLC1 的接收数据块 DB4，监视所有接收的数据。客户端 PLC1 接收的数据如图 5-76 所示，在图中可以看到，客户端 PLC1 接收的 6 个数据完全与服务器 PLC2 数据存储区中的 6 个数据相同，证明了两个 PLC 之间通过 Modbus TCP 通信读取数据的实现方法完全正确。可以进一步修改服务器 PLC2 的存储数据，检查客户端 PLC1 接收的数据的变化。

modbus TCP程序1215-1511（客户端读服务器）_V16 ▸ PLC_2服务器端 [CPU 1511-1 PN] ▸ 监控与强制表 ▸ 监控表_1

	i	名称	地址	显示格式	监视值	修改值	⚡		注释
1		"数据块_1".RD[0]	%DB20.DBW0	十六进制	16#0011	16#0011	☑	!	
2		"数据块_1".RD[1]	%DB20.DBW2	十六进制	16#0022	16#0022	☑	!	
3		"数据块_1".RD[2]	%DB20.DBW4	十六进制	16#0033	16#0033	☑	!	
4		"数据块_1".RD[3]	%DB20.DBW6	十六进制	16#0044	16#0044	☑	!	
5		"数据块_1".RD[4]	%DB20.DBW8	十六进制	16#0055	16#0055	☑	!	
6		"数据块_1".RD[5]	%DB20.DBW10	十六进制	16#0066	16#0066	☑	!	

图 5-75　输入 6 个数据

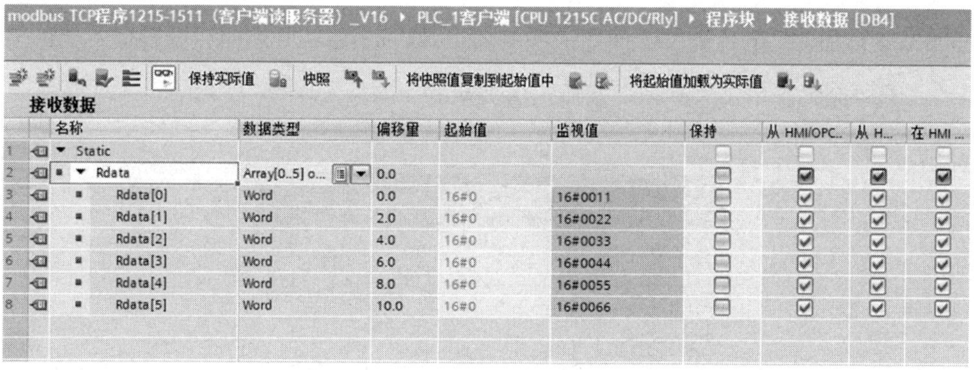

modbus TCP程序1215-1511（客户端读服务器）_V16 ▸ PLC_1客户端 [CPU 1215C AC/DC/Rly] ▸ 程序块 ▸ 接收数据 [DB4]

保持实际值　快照　将快照值复制到起始值中　将起始值加载为实际值

接收数据

	名称	数据类型	偏移量	起始值	监视值	保持	从 HMI/OPC...	从 H...	在 HMI ...
1	▼ Static					☐	☐	☐	☐
2	▼ Rdata	Array[0..5] o...	0.0			☐	☑	☑	☑
3	Rdata[0]	Word	0.0	16#0	16#0011	☐	☑	☑	☑
4	Rdata[1]	Word	2.0	16#0	16#0022	☐	☑	☑	☑
5	Rdata[2]	Word	4.0	16#0	16#0033	☐	☑	☑	☑
6	Rdata[3]	Word	6.0	16#0	16#0044	☐	☑	☑	☑
7	Rdata[4]	Word	8.0	16#0	16#0055	☐	☑	☑	☑
8	Rdata[5]	Word	10.0	16#0	16#0066	☐	☑	☑	☑

图 5-76　客户端 PLC1 接收的数据

5.5.3　S7-1500 PLC 之间的 Modbus TCP 仿真通信

5.5.3.1　仿真软件

PLCSIM Advanced 软件是西门子公司推出的一款高功能仿真器，可以仿真 Modbus TCP 通信、S7 通信、Socket 通信、Web 服务器等，通过它不需要硬件也可以做通信测试，方便学习与项目调试。目前 PLCSIM Advanced 只支持仿真 S7-1500 PLC，对于学习 Modbus TCP 通信来说影响不大，因为 S7-1200 PLC 和 S7-1500 PLC 的通信指令基本相同。

5.5.3.2　控制要求

采用 PLCSIM Advanced 仿真软件，通过 Modbus TCP 通信方式实现两个 PLC 之间的数据通信，在博途软件 V15/V16 中新建一个项目，分别组态 S7-1511 PLC1 作为客户端，S7-1511 PLC2 作为服务器。5.2 节讲解了 Modbus TCP 读、写 PLC 数据块内数据的方法，本节讲解 Modbus TCP 读、写 MW 存储器内数据的方法。

（1）客户端 PLC1 将 MW116～MW126 共 6 个字数据写入到服务器 PLC2 的 MW16～MW26 中。

（2）客户端 PLC1 读取服务器 PLC2 的 40001～40006 共 6 个数据并储存到 MW100～MW110 中。

5.5.3.3　PLCSIM Advanced 仿真软件的使用方法

打开 PLCSIM Advanced 仿真软件，其界面如图 5-77 所示。

仿真通信时，打开选择开关使“PLCSIM Virtual Eth. Adapter”有效。然后展开“Start

Virtual S7-1500 PLC”下拉列表添加虚拟服务器 PLC，如图 5-78 所示，设置服务器的名称、IP 地址、子网掩码。单击“Start”按钮，生成虚拟 PLC，如图 5-79 所示。

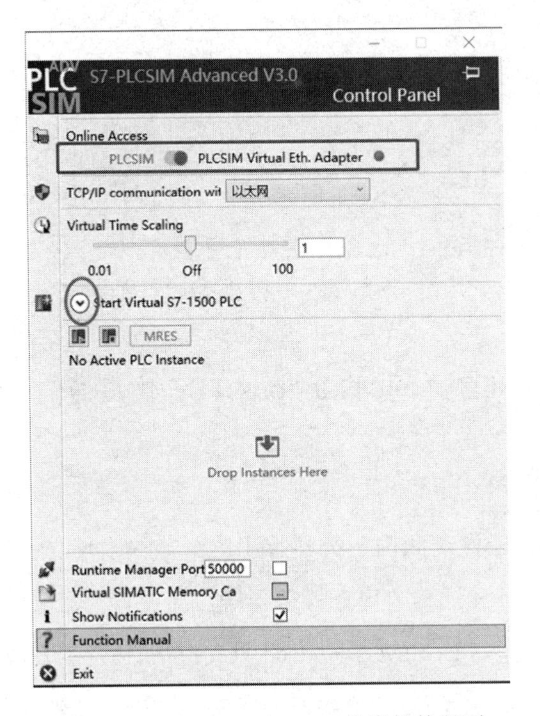

图 5-77 PLCSIM Advanced 仿真软件界面

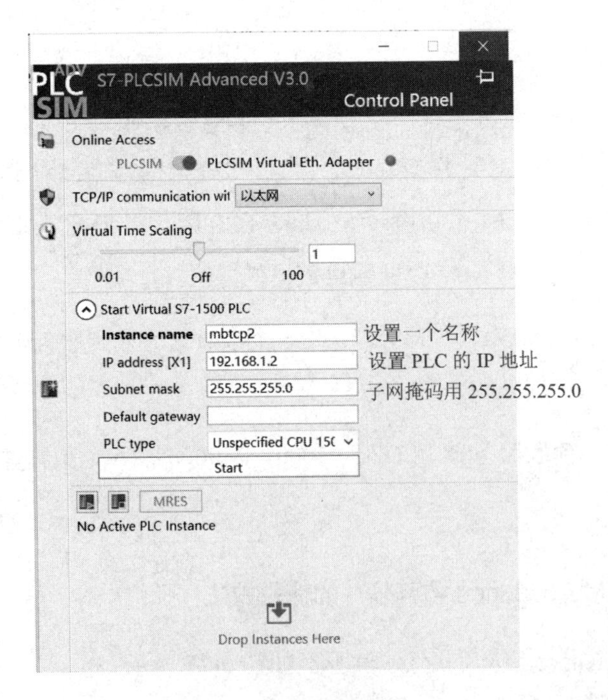

图 5-78 添加虚拟服务器 PLC

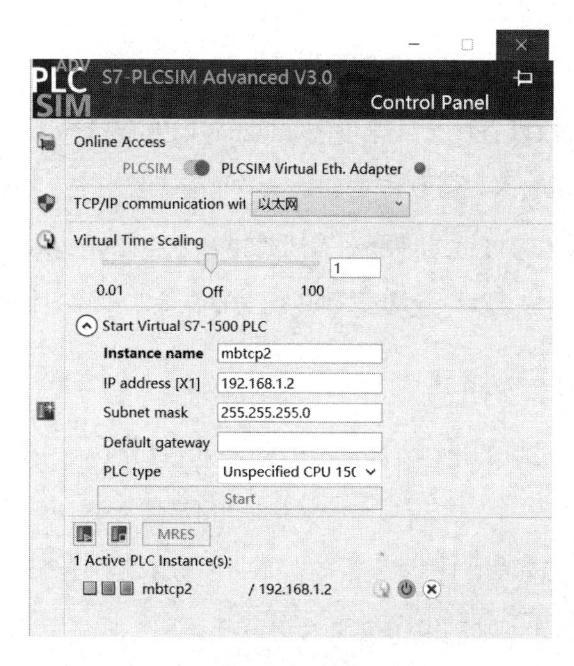

图 5-79 生成虚拟 PLC

用同样的方法输入虚拟客户端 PLC 的名称、IP 地址、子网掩码，单击“Start”按钮即可创建新的虚拟 PLC，至此，创建了两个虚拟 PLC，如图 5-80 所示。

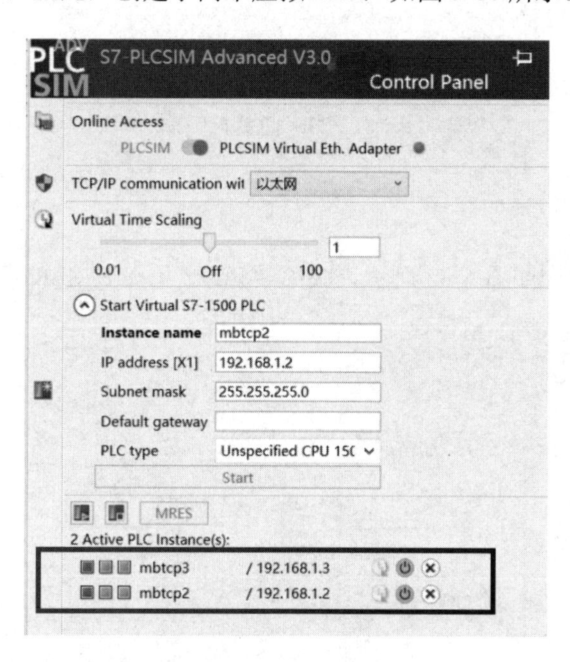

图 5-80 创建的两个虚拟 PLC

5.5.3.4 Modbus TCP 写入数据的实现过程

以两个 S7-1511 PLC 通过仿真软件进行 Modbus TCP 通信为例，详细阐述客户端与服务器组态、编程及实现写入数据的通信过程。

客户端 PLC1、服务器 PLC2 组态时，要注意 IP 地址必须与虚拟 PLC 的 IP 地址相同。两个 PLC 的通信参数数据块、PLC 变量表等的创建方法同 5.2 节相应的内容，在此不再赘述。

1. 编写客户端 PLC1 的程序

在程序块 OB1 中，调用 MB_CLIENT 指令，该指令如图 5-81 所示，实现客户端 PLC1 将 MW116～MW126 共 6 个字数据写入到服务器 PLC2 的 MW16～MW26 中。

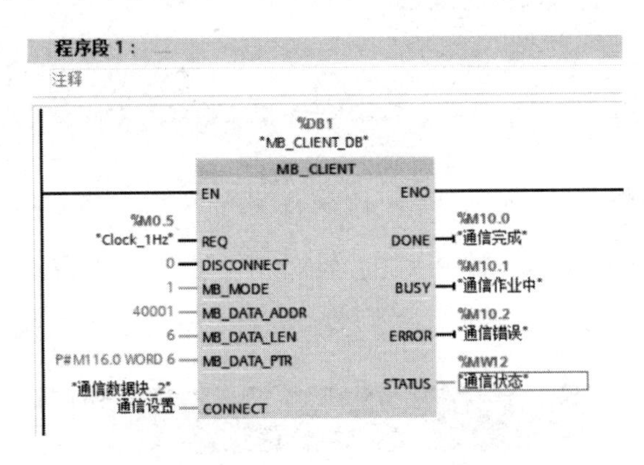

图 5-81　MB_CLIENT 指令

2. 编写服务器 PLC2 的程序

MB_SERVER 指令如图 5-82 所示。服务器 PLC2 用 MB_SERVER 指令实现了将客户端 PLC1 写入的数据保存在 MW16～MW26 中。

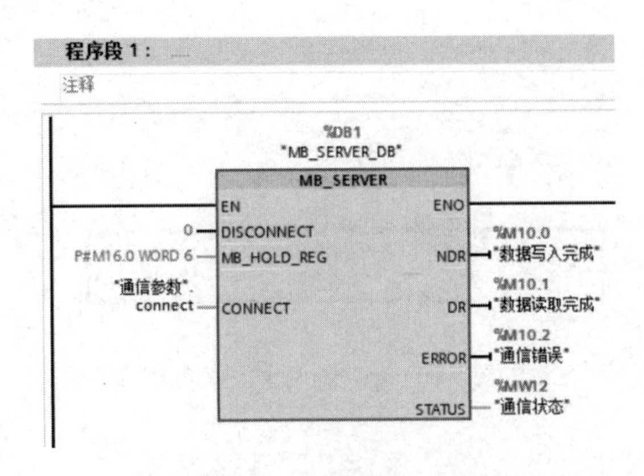

图 5-82　MB_SERVER 指令

3．程序测试

程序编译后，分别将客户端、服务器的程序下载到虚拟 PLC1、PLC2 中，启动运行并转至在线状态，在客户端 PLC1 中选择“监控与强制表”→“添加新监控表”→“监控表 1”命令，在“修改值”列，输入 6 个写入的数据，如图 5-83 所示，单击“立即一次性修改所有选定制”按钮，则“监视值”变为“修改值”，此值即客户端 PLC1 写入到服务器 PLC2 中的数据。打开服务器 PLC2 的监控表，如图 5-84 所示，监视所有接收的数据，在图中可以看到，服务器 PLC2 接收的 6 个数据完全与客户端 PLC1 写入的 6 个数据相同，证明了两个 PLC 之间通过 Modbus TCP 通信写入数据的实现方法完全正确。可以进一步修改客户端 PLC1 的写入数据，检查服务器 PLC2 接收的数据的变化。

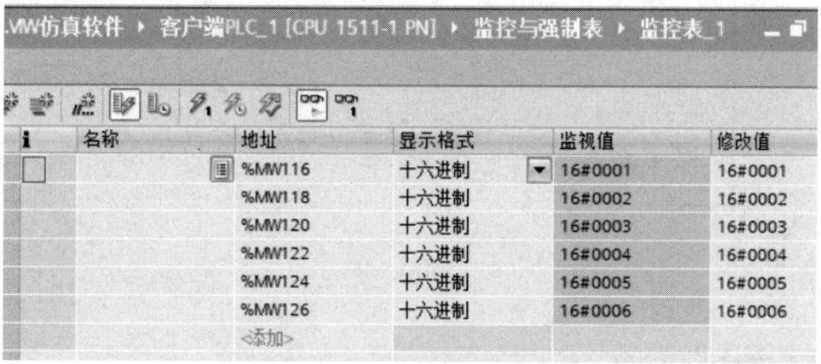

.MW仿真软件 ▸ 客户端PLC_1 [CPU 1511-1 PN] ▸ 监控与强制表 ▸ 监控表_1

i	名称	地址	显示格式	监视值	修改值
		%MW116	十六进制	16#0001	16#0001
		%MW118	十六进制	16#0002	16#0002
		%MW120	十六进制	16#0003	16#0003
		%MW122	十六进制	16#0004	16#0004
		%MW124	十六进制	16#0005	16#0005
		%MW126	十六进制	16#0006	16#0006
		<添加>			

图 5-83　输入 6 个写入的数据

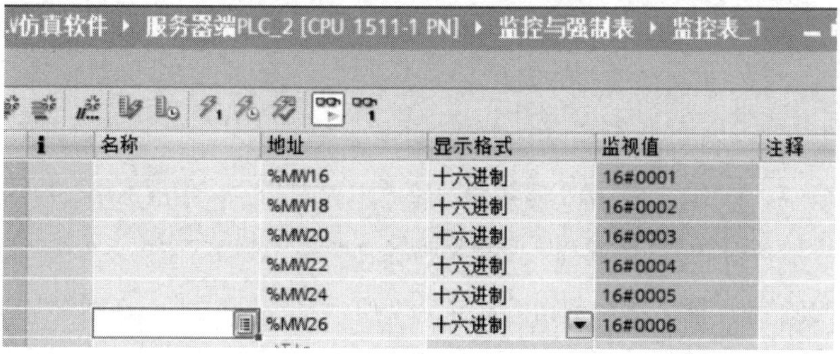

.W仿真软件 ▸ 服务器端PLC_2 [CPU 1511-1 PN] ▸ 监控与强制表 ▸ 监控表_1

i	名称	地址	显示格式	监视值	注释
		%MW16	十六进制	16#0001	
		%MW18	十六进制	16#0002	
		%MW20	十六进制	16#0003	
		%MW22	十六进制	16#0004	
		%MW24	十六进制	16#0005	
		%MW26	十六进制	16#0006	

图 5-84　服务器 PLC2 的监控表

5.5.3.5　Modbus TCP 读取数据的实现过程

这里讲述的两个 S7-1511 PLC 通过仿真软件进行 Modbus TCP 读取数据通信的过程，省略了与写入数据相同的过程。

1. 编写客户端 PLC1 的程序

在程序块 OB1 中，调用 MB_CLIENT 指令，该指令如图 5-85 所示，实现客户端 PLC1 读取服务器 PLC2 的 40001～40006 中共 6 个数据并储存到 MW100～MW110 中。

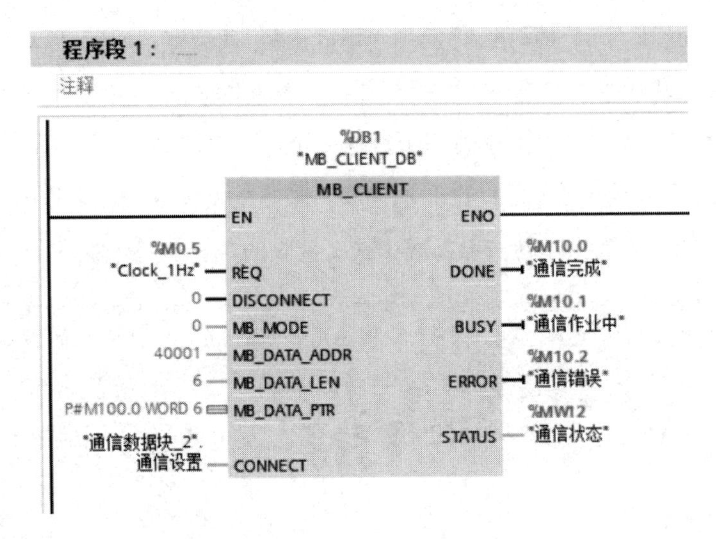

图 5-85　MB_CLIENT 指令

2. 编写服务器 PLC2 的程序

在程序块 OB1 中，调用 MB_SERVER 指令，该指令如图 5-86 所示，服务器 PLC2 将数据保存到 MW16～MW26 中，待客户端 PLC1 读取。

3. 程序测试

程序编译后，分别将客户端、服务器的程序下载到 PLC1、PLC2 中，启动运行并转至在线状态，在服务器 PLC2 中选择“监控与强制表”→“添加新监控表”→“监控表 2”命令，在“修改值”列，输入 6 个数据，如图 5-87 所示。单击“立即一次性修改所有选定制”按钮，则“监视值”变为“修改值”，此值即服务器 PLC2 存储区中的数据。打开客户端 PLC1 的监控表，监视所有接收的数据，客户端 PLC1 读取的数据如图 5-88 所示，在图中可以看到，客户端 PLC1 读取的 6 个数据完全与服务器 PLC2 数据存储区中的 6 个数据相同，证明了两个 PLC 之间通过 Modbus TCP 通信读取数据的实现方法完全正确。可以进一步修改服务器 PLC2 的存储数据，检查客户端 PLC1 读取的数据的变化。

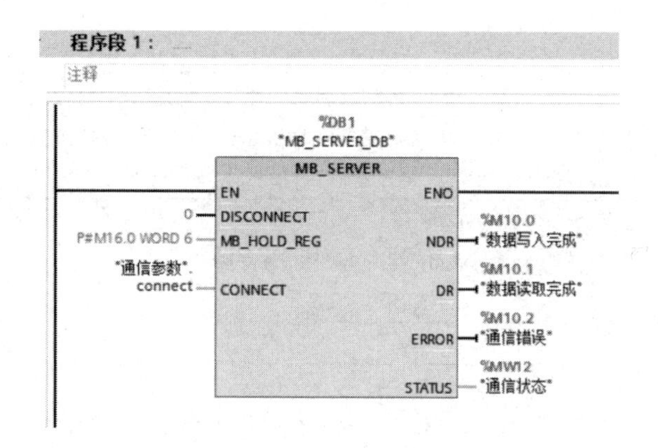

图 5-86　MB_SERVER 指令

…仿真软件 ▸ 服务器端PLC_2 [CPU 1511-1 PN] ▸ 监控与强制表 ▸ 监控表_2

i	名称	地址	显示格式	监视值	修改值
		%MW16	十六进制	16#1111	16#1111
		%MW18	十六进制	16#2222	16#2222
		%MW20	十六进制	16#3333	16#3333
		%MW22	十六进制	16#4444	16#4444
		%MW24	十六进制	16#5555	16#5555
		%MW26	十六进制	16#6666	16#6666

图 5-87　输入 6 个数据

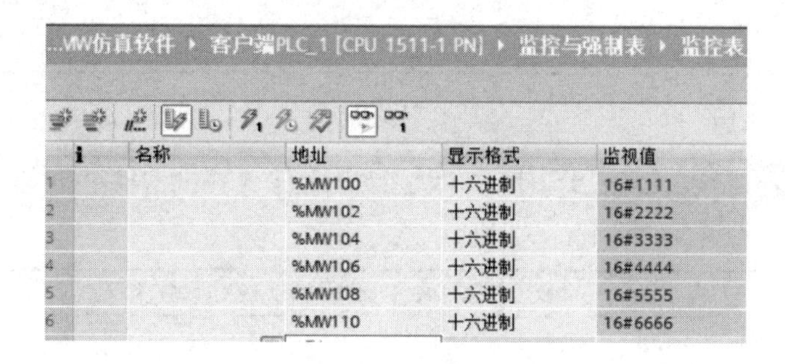
...MW仿真软件 ▸ 客户端PLC_1 [CPU 1511-1 PN] ▸ 监控与强制表 ▸ 监控表

	i	名称	地址	显示格式	监视值
1			%MW100	十六进制	16#1111
2			%MW102	十六进制	16#2222
3			%MW104	十六进制	16#3333
4			%MW106	十六进制	16#4444
5			%MW108	十六进制	16#5555
6			%MW110	十六进制	16#6666

图 5-88　客户端 PLC1 读取的数据

PROFINET 远程 I/O 控制系统实操

实训 5.1　PROFINET 网络的远程控制系统构建与运行

工作任务	基于 PROFINET 网络的远程控制系统构建与运行	备注
注意事项	安全注意事项： （1）严格遵守实训设备、专用工具的安全操作规程，严防人身、设备事故的发生，请勿触摸交流供电设备及交流接线端子 （2）不能带电操作，在通电情况下，不能进行接线、不能触摸交流供电设备 （3）实训结束后，必须收拾整理好工具、仪表、工件、导线等实训设备，保持实训台、地面和周边环境的干净整齐	

续表

工作任务	基于 PROFINET 网络的远程控制系统构建与运行	备注
任务描述	（1）由 PLC 与远程 I/O 控制器组成一个 PROFINET 网络的远程控制系统 （2）S7-1215 PLC 作为主站，控制远程 I/O 控制器的输入与输出	
实训目标	（1）了解 PROFINET 通信网络的工作原理 （2）掌握远程控制系统的硬件组成及硬件组态方法 （3）掌握远程控制系统的软件编程方法	
通信设备	S7-1215 PLC、远程 I/O 控制器	
任务实施	（1）安装 EX-1110 的 GSDML 文件 （2）新建项目，在设备和网络中添加 1 个 S7-1215 PLC、1 个 EX-1110 控制器，创建通信网络 （3）组态 EX-1110 控制器的输入模块、输出模块、通信地址 （4）编写程序，实现控制远程 I/O 控制器的功能	
考核要素	（1）PROFINET 网络结构图 （2）远程 I/O 控制器的组态 （3）远程 I/O 模块的组态 （4）控制器通信程序 （5）PLC 与远程 I/O 控制器之间通信功能的实现	
实训总结	（1）通过本实训你学到的知识点、技能点有哪些 （2）不理解哪些内容 （3）你认为在哪些方面还有进一步深化的必要	
老师评价		

实训 5.2　PLC 之间的 PROFINET 控制系统构建与运行

PLC 之间的
PROFINET
控制系统实

工作任务	PLC 之间的 PROFINET 控制系统构建与运行	备注
注意事项	安全注意事项： （1）严格遵守实训设备、专用工具的安全操作规程，严防人身、设备事故的发生，请勿触摸交流供电设备及交流接线端子 （2）不能带电操作，在通电情况下，不能进行接线、不能触摸交流供电设备 （3）实训结束后，必须收拾整理好工具、仪表、工件、导线等实训设备，保持实训台、地面和周边环境的干净整齐	
任务描述	（1）由两个 PLC 组成一个 PROFINET 网络的控制系统 （2）S7-1200 PLC1 作为 PROFINET 通信主站，S7-1500 PLC2 作为 PROFINET 通信从站 （3）PLC1 读取 PLC2 的数据，PLC1 写入数据到 PLC2 中 （4）PLC2 读取 PLC1 的数据，PLC2 写入数据到 PLC1 中	
实训目标	（1）熟悉 PROFINET 通信方式的工作原理 （2）掌握 PLC 的 PROFINET 通信主站的硬件组态方法及软件编程方法 （3）掌握 PLC 的 PROFINET 通信从站的硬件组态方法及软件编程方法	

续表

工作任务	PLC 之间的 PROFINET 控制系统构建与运行	备注
通信设备	S7-1200 PLC、S7-1500 PLC	
任务实施	（1）新建项目，在设备和网络中添加两个 PLC，PLC1 作为控制器，创建通信网络；PLC2 作为智能设备并添加 PLC1 创建的通信网络 （2）在 PLC2 中定义 PROFINET 通信的数据传输区 1、传输区 2，设置数据传输的长度、传输方向 （3）在 PLC1 中编写接收 PLC2 数据的程序、写入 PLC2 数据的程序 （4）在 PLC2 中编写接收 PLC1 数据的程序、写入 PLC1 数据的程序	
考核要素	（1）PROFINET 网络结构图 （2）通信传输区域地址、长度等的定义 （3）控制器通信程序 （4）智能设备通信程序 （5）控制器与智能设备之间通信功能的实现	
实训总结	（1）通过本实训你学到的知识点、技能点有哪些 （2）不理解哪些内容 （3）你认为在哪些方面还有进一步深化的必要	
老师评价		

实训 5.3　PROFINET 网络的运动控制系统构建与运行

PROFINET 的运动控制系统实操

工作任务	基于 PROFINET 网络的运动控制系统构建与运行	备注
注意事项	安全注意事项： （1）严格遵守实训设备、专用工具的安全操作规程，严防人身、设备事故的发生，请勿触摸交流供电设备及交流接线端子 （2）不能带电操作，在通电情况下，不能进行接线、不能触摸交流供电设备 （3）实训结束后，必须收拾整理好工具、仪表、工件、导线等实训设备，保持实训台、地面和周边环境的干净整齐	
任务描述	（1）由 PLC 与伺服驱动控制器组成一个 PROFINET 网络的运动控制系统 （2）S7-1215 PLC 作为主站，Maxsine EP3E 伺服驱动器作为单轴滑台运动机构的伺服驱动设备 （3）用 S7-1215 PLC 控制滑台的回原点运动、点动运动、绝对运动、相对运动	
实训目标	（1）了解 PROFINET 通信网络的工作原理 （2）掌握运动控制系统的硬件组成及硬件组态方法 （3）掌握运动控制指令的使用方法 （4）掌握运动控制系统的软件编程方法	
通信设备	S7-1215 PLC、伺服驱动器、单轴滑台运动机构	

续表

工作任务	基于 PROFINET 网络的运动控制系统构建与运行	备注
任务实施	（1）安装伺服驱动器的 GSDML 文件 （2）新建项目，在设备和网络中添加 1 个 S7-1215 PLC、1 个 Maxsine EP3E 伺服驱动器，创建通信网络 （3）组态 Maxsine EP3E 伺服驱动器 （4）组态工艺对象 （5）编写运动控制程序，实现 PLC 控制滑台的回原点运动、点动运动、绝对运动、相对运动	
考核要素	（1）PROFINET 网络结构图 （2）伺服驱动器的组态 （3）PLC 的运动控制程序 （4）PLC 控制滑台的回原点运动、点动运动、绝对运动、相对运动控制功能的实现	
实训总结	（1）通过本实训你学到的知识点、技能点有哪些 （2）不理解哪些内容 （3）你认为在哪些方面还有进一步深化的必要	
老师评价		

实训 5.4　Modbus TCP 网络的控制系统构建与运行

工作任务	基于 Modbus TCP 网络的控制系统构建与运行	备注
注意事项	安全注意事项： （1）严格遵守实训设备、专用工具的安全操作规程，严防人身、设备事故的发生，请勿触摸交流供电设备及交流接线端子 （2）不能带电操作，在通电情况下，不能进行接线、不能触摸交流供电设备 （3）实训结束后，必须收拾整理好工具、仪表、工件、导线等实训设备，保持实训台、地面和周边环境的干净整齐	
任务描述	采用 Modbus TCP 通信方式实现两个 PLC 之间的数据通信，实现： （1）客户端 PLC1 通过 Modbus TCP 协议将 DB1.DBW0～DB1.DBW5 共 6 个字数据写入到服务器 PLC2 的 DB20.DBW0～DB20.DBW5 中 （2）客户端 PLC1 通过 Modbus TCP 协议读取服务器 PLC2 的 40001～40005 中的 5 个字数据并存储到客户端 PLC1 的接收数据块中	
实训目标	（1）了解 Modbus TCP 通信方式的工作原理 （2）掌握 Modbus TCP 通信的网络参数组态方法 （3）掌握 Modbus TCP 通信的 MB_CLIENT 指令、MB_SERVER 指令的调用方法 （4）掌握 Modbus TCP 通信的客户端与服务器的调试方法	

续表

工作任务	基于 Modbus TCP 网络的控制系统构建与运行	备注
通信设备	S7-1215 PLC1、S7-1511 PLC2、安装博途软件的计算机	
任务实施	（1）在博途软件 V15/V16 中新建一个项目，分别组态 S7-1215 PLC1 作为客户端，S7-1511 PLC2 作为服务器 （2）设置 PLC1 的 IP 地址、PLC2 的 IP 地址，分别创建 PLC1、PLC2 的通信指令连接参数数据块 （3）编写客户端 PLC1 的程序，调用 MB_CLIENT 指令 （4）编写服务器 PLC2 的程序，调用 MB_SERVER 指令 （5）程序调试，观察发送数据与接收数据的变化情况	
考核要素	（1）创建 Modbus TCP 通信指令连接参数数据块 （2）Modbus TCP 通信的 MB_CLIENT 指令、MB_SERVER 指令的调用方法 （3）Modbus TCP 通信的调试方法	
实训总结	（1）通过本实训你学到的知识点、技能点有哪些 （2）不理解哪些内容 （3）你认为在哪些方面还有进一步深化的必要	
老师评价		

实训 5.5　通信网络综合实训

通信网络综合实训

工作任务	综合实训	备注
注意事项	安全注意事项： （1）严格遵守实训设备、专用工具的安全操作规程，严防人身、设备事故的发生，请勿触摸交流供电设备及交流接线端子 （2）不能带电操作，在通电情况下，不能进行接线、不能触摸交流供电设备 （3）实训结束后，必须收拾整理好工具、仪表、工件、导线等实训设备，保持实训台、地面和周边环境的干净整齐	
任务描述	（1）在触摸屏上设计温度控制器的数据采集界面、两个 PLC 之间的通信界面、单轴滑台的运动控制界面、远程 I/O 控制器的控制界面 （2）由 S7-1215 PLC1、RS485 温度控制器、触摸屏组建 Modbus 网络控制系统，通过触摸屏人机界面控制 RS485 温度控制器的数据采集 （3）由 S7-1215 PLC1、S7-1511 PLC2、伺服驱动器、远程 I/O 控制器、触摸屏等设备组建 PROFINET 网络控制系统，通过触摸屏人机界面控制远程 I/O 控制器的输入、输出，控制单轴滑台的回原点运动、点动运动、绝对运动、相对运动	
实训目标	（1）熟悉系统集成的工作原理 （2）掌握触摸屏的界面设计方法，掌握触摸屏与 PLC 之间通信的方法 （3）熟悉多种通信网络控制系统的硬件构建方法 （4）熟悉多种通信网络控制系统的软件实现方法	
通信设备	S7-1215 PLC1、S7-1511 PLC2、RS485 温度控制器、远程 I/O 控制器、伺服驱动器、触摸屏	

续表

工作任务	综合实训	备注
任务实施	（1）在 MCGS 软件中设计界面 （2）在博途软件中新建项目，在设备和网络中添加 S7-1215 PLC1、S7-1511 PLC2、EX-1110 远程 I/O 控制器、Maxsine EP3E 伺服驱动器，创建通信网络 （3）组态 Maxsine EP3E 伺服驱动器、EX-1110 远程 I/O 控制器 （4）组态工艺对象 （5）编写数据采集程序、运动控制程序，实现设备之间的通信	
考核要素	（1）通信网络结构图 （2）触摸屏的界面设计、与 PLC 通信的参数链接 （3）PLC 的通信控制程序 （4）触摸屏读取 RS485 温度控制器数据、控制远程 I/O 控制器、控制单轴滑台运动等功能的实现	
实训总结	（1）通过本实训你学到的知识点、技能点有哪些 （2）不理解哪些内容 （3）你认为在哪些方面还有进一步深化的必要	
老师评价		

思考与练习

1．工业以太网采用哪几种传输介质？

2．工业以太网有哪些特点？

3．工业以太网应用于工业现场有哪些关键问题？

4．什么是 GSD 文件？它有什么作用？如何安装 GSD 文件？

5．S7-1200 PLC 之间通过 PROFINET 进行工业以太网通信时，通信传输区如何定义？

6．设计一个通过工业以太网来实现的网络通信系统，在系统中可以将不同制造商的设备连接起来。

参考文献

[1] 霍如，谢人超，黄韬，等. 工业互联网网络技术与应用[M]. 北京：人民邮电出版社，2020.

[2] 崔坚，西门子（中国）有限公司. SIMATIC S7-1500 与 TIA 博途软件使用指南[M]. 北京：机械工业出版社，2016.

[3] 芮庆忠，黄诚. 西门子 S7-1200 PLC 编程及应用[M]. 北京：电子工业出版社，2020.

[4] 宋云艳，段向军. 工业现场网络通信技术应用[M]. 北京：机械工业出版社，2017.

[5] 郭琼，姚晓宁. 现场总线技术及其应用[M]. 2 版. 北京：机械工业出版社，2014.